农民培训教材

总主编：马冬君

U0686593

寒地肉鹅高效健康养殖技术
简 明 本

金振华 张 备 等 著

中国农业出版社

北 京

著 者 名 单

主著：金振华　张　备

副著：王丽坤　李　烨　张国华　孙金艳　陈志峰

F前 言
oreword

　　寒地肉鹅养殖，作为我国北方地区重要的畜禽养殖项目之一，承载着悠久的养殖历史和丰富的品种资源。其独特的耐寒性、生长速度和肉质品质，使得寒地肉鹅在现代畜牧业中占据举足轻重的地位。随着消费者对高品质、绿色健康食品需求的日益增长，寒地肉鹅高效健康养殖技术逐渐成为行业内外关注焦点。寒地肉鹅具备出色的耐寒能力，能在北方地区严寒气候中正常生长和繁殖，为养殖者提供了广阔的养殖空间；寒地肉鹅生长周期短，一般70～80日龄即可出栏，且成活率高达

98%以上，显著提高了养殖效率；寒地肉鹅肉质鲜美，营养丰富，平均体重达到4kg以上，深受消费者喜爱。

本"简明本"旨在结合当前养殖实践，系统介绍寒地肉鹅高效健康养殖的关键技术和管理方法，包括但不限于以下几点：

品种选择：选择适应当地气候和养殖条件的肉鹅品种，确保鹅群具备良好的生长性能和抗病力。

饲养管理及饲料配方：根据鹅的生长发育需要，合理调配饲料配方，确保鹅群获得均衡的营养。

饲喂次数和饲养密度：根据鹅的年龄和体重，合理安排饲喂次数和饲养密度，避免过度饲养或饲养不足。

温度和湿度控制：根据季节和天气变化，适时调节鹅舍温度和湿度，确保鹅群在舒适的环境中生长。

环境营造：营造适宜的养殖环境，包括清洁的饮水设备、适宜的温度控制设备和良好的通风条件等，确保鹅群在健康的环境中生长。

疾病防控：加强鹅群的疾病防控工作，定期注射疫苗和进行驱虫，减少疾病的发生和传播。

寒地肉鹅的高效健康养殖技术是提高肉鹅养殖效益、保障食品安全的重要途径。本"简明本"通过系统介绍寒地肉鹅养殖的关键技术和管理方法，旨在为养殖者提供科学、实用的指导，促进寒地肉鹅养殖业的健康、可持续发展。未来，随着科技的不断进步和消费者对食品安全要求的提高，寒地肉鹅养殖技术将不断得到优化和创新，为养殖业发展注入新的活力。

著　者

2024 年 8 月

前言

目 录
Contents

寒地肉鹅高效健康养殖技术简明本

目录

目
录

第一章

概述

黑龙江省的鹅产业近年来实现了快速发展，成为促进农民增收和引领乡村振兴的重要产业。在政府政策的支持下，通过产业链的延伸和品牌建设，实现了快速增长，并为当地社会经济发展做出了积极贡献。

一、品种特色与规范

　　在寒地养殖的鹅品种，通常都具备较强的耐寒能力，并适应了当地的气候条件。这些鹅在冷凉的气候下仍能保持较好的生长性能和生产效益。黑龙江省的一些特有鹅种，如籽鹅在寒地环境中生长得尤为出色，其肉质鲜美、羽绒优质，深受市场欢迎，且被列为国家"战略性"鹅遗传种质资源，具有繁殖率高、肉质好、耐粗饲、适应性强、产蛋量高、羽绒质量优等特点。特别是霍尔多巴吉鹅、三花鹅等品种也在当地广泛养殖。近年来，随着市场的不断变化，养殖户更加注重品质，鹅品种逐渐趋于规范整齐。

二、养殖条件与资源

黑龙江省地处世界公认的黑土带和黄金玉米带，拥有2.3亿亩[*]耕地、3 100多万亩草原，为鹅养殖提供了丰富的饲草、饲料资源。同时，其四季分明、冷凉的气候条件适宜鹅的生产性能发挥，也有利于疫病的防治。此外，优越的生长环境保证了鹅肉肉质上乘，肌间脂肪沉积好、味道鲜美、口感独特；鹅绒绒朵大、羽绒含量高、蓬松度好，品质出色。

三、养殖方式与规模化

在东北地区，鹅的养殖方式实现了多元化。中西部地区草原面积大，适合放牧养殖，可以节约饲养成本，提高经济效益；

---

* 1亩 = 1/15 公顷。

中东部地区则大多利用荒山、草坡、沟塘等采取半舍饲和秸秆发酵的养殖模式；规模化养殖场则实行全混合日粮（TMR）饲养模式。鹅养殖因投资小、周期短、见效快，已成为有条件地区农民增收致富和推动乡村振兴的有效途径。目前，黑龙江省鹅养殖相对集中，已形成多个养鹅主产区和主产县，约占全省养殖总量的70%以上。

四、产业发展与政策扶持

随着鹅产业的不断发展，黑龙江省政府也出台了一系列扶持政策，推动鹅产业的振兴。例如，加强鹅种质资源的保护和利用，推广先进的养殖技术和管理模式，提高鹅产品的品质和附加值，促进鹅产业的转型升级和可持续发展；2022年5月、12月分别由黑龙江省工信厅和农业农村厅联合印发了《鹅产业振兴行动计划（2022—2025年）》《黑龙江省促进鹅产业高质量发展若干政策措施》；2023年6月黑龙江省农业农村厅和财政厅联合印发了《2023年黑龙江省鹅养殖补助项目实施方案》；2024年印发了《黑龙江省肉牛和鹅政策性保险以奖代补工作方案(试行)》的通知；2025年4月黑龙江省农业农村厅和财政厅联合印发了《关于印发2025年黑龙江省商品鹅养殖补助等3个项目实施方案》的通知。通过以上措施的制定，使得黑龙江省鹅产业步入快速发展时期。

综上所述，黑龙江省鹅养殖业具有得天独厚的资源条件和区位优势，品种特色明显，养殖条件优越，养殖方式多元化，产业基础较好。在政府政策扶持和市场需求的推动下，黑龙江省鹅养殖业将继续保持蓬勃发展的态势。

第二章

鹅的主要品种

一、鹅的起源

鹅的起源可以追溯至野生的鸿雁和灰雁。经过漫长的驯化过程，这些野生的雁类逐渐发展成了现今的家鹅。在中国，家鹅的祖先主要是鸿雁，而在欧洲，绝大多数的家鹅则起源于灰雁。

鹅的驯化历史非常悠久，可以追溯到几千年前。在驯化的过程中，人们选择了那些适应性强、生长迅速、产蛋量高的个体进行繁殖，逐渐形成了各种适应当地环境和市场需求的鹅品种。

随着人们对鹅的深入了解和驯化技术的不断进步，家鹅的外貌特征和生物学特性也发生了显著的变化。与野生雁类相比，家鹅的体型更大，骨骼更为粗壮，觅食和交配的本能也更为强烈。同时，家鹅的羽毛变得更加丰满，颜色也更加多样，以适应不同地区的气候和市场需求。

在长期的驯化过程中，家鹅也逐渐形成了独特的行为和生活习性。它们具有很强的合群性，当有一只走散时，鹅群会发出鸣叫寻找同伴。此外，家鹅还具有较强的耐寒性和耐粗饲能力，能够在恶劣的环境条件下生存和繁衍。

总的来说，鹅的起源是一个漫长而复杂的过程，涉及野生雁类的驯化、人类的选择和繁殖技术等多个方面。如今，鹅已经成为世界各地广泛饲养的家禽之一，为人类提供了丰富的肉、蛋和羽绒等产品。

二、鹅的品种

1.三花鹅

三花鹅品种特点主要体现在以下几个方面：

首先，从外貌特征上看，三花鹅的羽毛颜色独特，鹅头上有三处黑毛，被人们形象地叫做三花鹅。其头部清秀，喙细长且略向下弯，眼睛明亮，脚蹼粉红色，强壮有力。公鹅和母鹅的体型差异不大，但公鹅的喙和脚蹼略大。从生长特点上看，三花鹅的生长速度较快。一般来说，70日龄的仔鹅可以达到4.0～4.5kg，比太湖鹅的生长速度高27.8%。在饲养条件

三花鹅

下，成年鹅的体重母鹅能长到4.5～5.0kg，公鹅6.5～7.5kg。寿命一般可达10年以上。从繁殖性能上看，三花鹅的繁殖季节通常在春季和秋季，雌鹅一般在8个月时开始产蛋，年产蛋量可以高达50～65枚，显示出其优秀的繁殖能力。从适应性上看，三花鹅适应能力强，可以在各种气候和环境下生存。它们喜欢生活在有水的地方，如湖泊、河流、池塘等，也可以在陆地上放牧。同时，三花鹅抗病能力强，不容易生病，耐粗饲，任何

草都能吃，显示出其良好的适应性和耐受力。

此外，三花鹅的肉质好，肉类蛋白质含量比其父本高1%。这主要得益于其继承了父本和母本的优点，使得其肉质细嫩，口感鲜美，营养价值高。总的来说，三花鹅是一种具有独特外貌、生长迅速、繁殖力强、肉质优良且适应性强的家禽品种，具有很高的经济价值和养殖前景。

2.霍尔多巴吉鹅

霍尔多巴吉鹅是一种优质鹅品种，其特点主要体现在以下几个方面：

霍尔多巴吉鹅体形庞大，属于鹅中的大型品种。它的颈部短而厚实，身体宽阔且高耸，喙部高隆，腿短而粗

霍尔多巴吉鹅
（摘自《中国养鹅学》）

壮。其羽毛长而曲折，黑、白、灰三色相间，这种色彩搭配使得它在外貌上非常优美。霍尔多巴吉鹅的生长速度较快。例如，在育雏28d后，鹅体重平均可达2.2kg；60d时体重可达4.5kg；饲养到180d时，雄鹅体重可达8～12kg，雌鹅体重6～8kg。霍尔多巴吉鹅的产绒量高，羽绒质量堪称世界之最。饲养到60日龄时，即可进行第一次拔毛，以后每45d拔毛1次。到195日龄时，共可进行4次拔毛，每只鹅的产绒量可达800g。其羽绒含绒量高、绒色纯白、绒朵大、杂质少、手感好、蓬松度高，因此在国际市场上具有极高的竞争力。霍尔多巴吉鹅的繁殖能力也相当出色，年产蛋50～60枚，平均蛋重为170～190g，公母配种比例1∶3，种蛋受精率90%左右，种蛋的孵化率约为80%。霍尔多巴吉鹅的肉质鲜嫩，蛋白质含量高，同时低脂肪、低胆固醇，具有很高的营养价值，是餐桌上的至尊美味。

3.籽鹅

籽鹅是黑龙江省的当家品种，主要分布于松花江流域、绥化、大庆等地区。籽鹅适应性强，繁殖性能好，能在寒冷的气候和粗劣的饲养条件下保持高产，是世界上罕见的高产鹅种。

其体型较小，紧凑且略显长圆形，羽毛主要为白色，头顶常有缨状顶心毛，颈细长，肉瘤较小。籽鹅开产日龄较早，受精率和孵化率都较高。此外，籽鹅的生长速度和产肉性能也相当可观，肉质鲜美，深受消费者喜爱。

籽鹅
（摘自《中国养鹅学》）

在饲养管理方面，籽鹅适应性强，对环境的耐受度高，适合在多种条件下饲养。为了充分发挥其生产性能，需要提供适宜的饲料和养殖环境，定期进行防疫和疾病控制。籽鹅的羽毛为白色，多数头顶有缨状头髻，颈羽平滑而不卷曲，尾部短而平，尾羽上翘。此外，籽鹅的喙、胫、蹼均为橙黄色，虹彩为灰蓝色，皮肤呈黄色。籽鹅的生长发育较快，初生公雏和母雏的体重分别为（70.83±7.13）g和（70.53±6.89）g。随着日龄的增加，其体重逐渐增长，到了300日龄时，公鹅的平均体重可达4.0～4.5kg，母鹅则为3.0～3.5kg。籽鹅的羽毛生长也较快，出生后20日龄左右就能长出尾羽，60日龄左右则全身羽毛长全。籽鹅的繁殖性能也相当出色。公母鹅的配种比例通常为1∶（5～7），其受精率在春季较高，夏季有所下降，但一般都能保持在85%～90%的水平。受精卵的孵化率也相当高，通常在78%～83%。公鹅180日龄性成熟。母鹅180日龄可开产，此外，籽鹅的产蛋性能也十分优秀，年平均产蛋量在100枚左右，多的甚至可达180枚，平均蛋重130g。籽鹅在黑龙江省特定的气候和饲养条件下，经过农户多年的人工选育，形成了该地方品种。因其耐寒、耐粗饲和产蛋能力强的特点，在黑龙江省各地均有分布，尤其以肇东、肇源、肇州等地最为集中。籽鹅的肉质鲜美，羽绒优质，深受市场欢迎，是黑龙江省鹅养殖业中的重要品种之一。

总的来说，籽鹅是一种适应性强、生长快、产蛋多、肉质好且羽绒优质的鹅品种，适合在黑龙江省多地进行规模化养殖。通过科学的饲养管理和品种改良，可以进一步提高籽鹅的生产性能和经济效益。

4. 皖西白鹅

皖西白鹅是一种经过劳动人民长期人工选育和自然驯化而形成的优良地方品种，具有悠久的历史，原产于中国安徽省西部的丘陵山区及河南省固始县一带。

六安市为皖西白鹅中心产区。主要分布在六安市的霍邱县、寿县、金安区、裕安区、舒城县及合肥市的肥西等县，以及与六安市相邻的河南省固始县一带，因此也被称为固始鹅。

皖西白鹅喙端色较淡，爪白色。少数个体头颈后部有球形羽束，即顶心毛。公鹅肉瘤大而突出，母鹅颈较细短，腹部轻微下垂。

皖西白鹅体型中等，体态高

皖西白鹅
（摘自《中国养鹅学》）

昂，颈长呈弓形，胸深广，背宽平。全身羽毛洁白，头顶肉瘤呈橘黄色，喙橘黄色，胫、蹼均为橘红色。皮肤为黄色，肉色为红色。这种鹅的生长速度快，肉质细嫩鲜美，羽绒产量高且品质优良。特别是羽绒，朵大绒长、蓬松度好，享有国际市场的盛誉。此外，皖西白鹅的鹅皮也具有一定的应用价值，可以制作裘皮，保暖效果好，是制作工艺品、服装的好材料。皖西白鹅的繁殖能力好，耐热抗寒，对环境的适应能力强，抗病害能力也好。同时，它们还具有看家的本领，如果户外散养鸡鸭时有黄鼠狼偷猎，养几只皖西白鹅就能起到预防的作用。皖西白鹅早期生长速度快，肉质细嫩鲜美。其初生重约90g，到30日龄时，平均体重可达1.5kg；60日龄时，体重约为3.0～3.5kg；而到90日龄时，体重可达到约4.5kg。皖西白鹅是经过长期人工选育和自然驯化形成的优良地方品种，具有极强的适应性、觅食力、耐寒耐热能力，且耐粗饲。这种特点使得皖西白鹅能够在各种环境条件下生存和繁衍。

5. 浙东白鹅

浙东白鹅，俗称"白乌龟"，主要分布于浙江省东部的象山、宁波、舟山、绍兴、奉化、定海、鄞县、余姚、嵊县等地。这种鹅的体型中等大小，体躯长方形，颈

浙东白鹅
（摘自《中国养鹅学》）

细长，无咽袋，额上肉瘤高突，呈半球形覆盖于头顶，随年龄增长而突起明显。其羽毛主要为白色，但也有少数个体在头颈部或背腰处夹杂少数黑色斑块。成年公鹅高大雄伟，肉瘤高突，耸立头顶，鸣声宏亮，好斗逐人；而成年母鹅肉瘤较低，性情温驯，鸣声低沉。

浙东白鹅的品种特点主要体现在以下几个方面：

浙东白鹅体型中等偏大，结构紧凑且清秀，体态匀称，背平直，尾羽上翘，呈船形。全身羽毛主要为白色，但约有15%左右的个体在躯干背侧有少量尖的灰黑色毛。其头部肉瘤高突，呈半球形，喙偏平无肉髯，颈细长，腿粗壮。喙、脚、蹼、趾部幼时为橘黄色，成年后呈橘红色，爪玉白色。肉瘤的颜色较喙浅，随年龄的增长逐渐突起，眼帘金黄色，虹彩灰蓝色。成年公鹅体型高大，肉瘤高突，行走时昂首挺胸，鸣叫洪亮；而成年母鹅则性情温驯，肉瘤较低，腹部宽大下垂。浙东白鹅具有早期生长速度快、肉质好、耐粗饲等特点。在传统以放牧为主的饲养条件下，雏鹅从出壳后养70d，体重可达3～4.3kg。此外，浙东白鹅还具有良好的产绒和产肥肝的性能。

6. 雁鹅

雁鹅是雁形目鸭科雁属鸟类，起源于鸿雁，由栖居在我国东北、华北的一种有额疱的野鹅演化而来，又称苍鹅、菱鹅、瘤鹅。它是我国古老而稀有的优良家禽品种，大多数分布于中国安徽省南部、西部和与安徽接壤的江苏省西南部地区。

雁鹅的体形较大，呈长方形，体质结实，全身羽毛紧贴。它们的头部大小适中，头部肉瘤和喙呈黑色，腿和蹼则是橘红色。全身被毛和

雁鹅
（摘自《中国养鹅学》）

翼羽为褐色带灰色镶边，尾部为白色带灰黑色镶边。头、颈的背面有一条由宽变窄的黑色鬃状带，胸部为灰褐色，腹部为白色。因毛色似大雁而得名。雁鹅的繁殖能力也较强，全年均可繁殖。母鹅的年产蛋量一般为25～35枚，可以间歇产蛋3窝，少数可产4窝。蛋的受精率和孵化率都比较高，这使得雁鹅的种群能够快速扩大。

雁鹅具有野外放牧、觅食力强、适应性广、耐粗饲、抗病力强等特点，能适应以放牧饲养为主的饲养形式，能适应在我国各地饲养。

7. 狮头鹅

狮头鹅是中国农村培育出的体型最大的优良品种鹅，也是世界上最大的鹅品种之一，体重通常是普通鹅的2～3倍。最为显著的特征是，其前额和颊侧肉瘤发达，形成明显的狮头状，这也是其得名的原因。其肉质鲜美，营养丰富，受到广大消费者的喜爱。

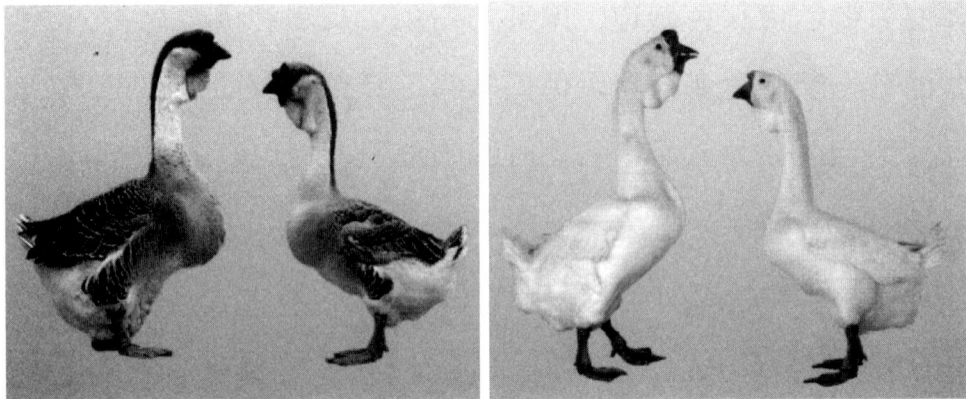

狮头鹅灰羽／白羽

（摘自《中国养鹅学》）

狮头鹅的头部大且颈粗，前躯较高，呈方形。其全身背面羽毛及翼羽呈棕色，头顶至颈部背面形成如鬃状的棕色羽毛带，腹面羽毛呈白色或灰白色。其前额和颊侧肉瘤发达，肉瘤会随着年龄增长而增大，成年后显得特别突出。此外，狮头鹅的喙短且呈黑色，面部皮肤松软，眼皮凸出，多呈黄色，皮肤呈米黄色或乳白色。狮头鹅原产于中国广东饶平县浮滨镇溪楼村，已有200多年的形成史。经过原产区的长期驯养，其外形特征一致，遗传性能稳定。目前，狮头鹅在中国粤东各地广泛饲养，并已引种到全国大多数省份。狮头鹅的生产性能非常优秀。2岁以上的母鹅年产蛋数可达30个左右，每产一窝蛋就会就巢一次，就巢期为25～30d。其体重也显著超过普通鹅，成年雄鹅体重可达10～20kg，最大可达15～17kg；雌鹅体重为9～10kg，最重可达12～13kg。此外，狮头鹅还具有饲料转化效率高、屠宰率高、适应性强的特点。狮头鹅是一种具有强烈领地意识和群体意识的动物，每只鹅都会有自己的领地，并在其中自由活动。它们是生活在水边的禽类动物，因此在养殖时需要给予足够的水源和泥土。狮头鹅的食性比较杂，在野外会吃很多昆虫和水生动物，而在人工饲养下则喜欢吃各种饲料和杂粮。

8. 朗德鹅

朗德鹅，又称西南灰鹅，原产于法国西南部靠比斯开湾的朗德省，是世界著名的肥肝专用品种。朗德鹅体形中等偏大，体宽，颈粗短。肉瘤平坦，形状不明显，颜色橙红色。喙橘黄色，喙

朗德鹅
（摘自《中国养鹅学》）

尖部色略浅，胫、蹼为肉色。眼睑纺锤形，深灰色。颌下无咽袋，无顶心毛。羽毛灰褐色，羽毛较松，其中颈背部羽接近黑色，胸腹部毛色较浅，呈银灰色，腹下部则呈白色。朗德鹅具有生活力强、耐粗饲、合群性强、生长快、肥肝性能好等特点。成年公鹅体重7～8kg，母鹅6～7kg。公鹅7月龄左右性成熟，母鹅8月龄开产，年产蛋35～40枚，蛋重180～200g。公母

配种比例1：（3～4），种蛋受精率65%左右，繁殖力较低。在适宜的条件下，经20d的填肥后体重可达10～11kg，肥肝重700～800g。仔鹅生长发育快，仔鹅8周龄体重可达4.5kg。其肉质细嫩，瘦肉率高，口味鲜美，富含人体必需的氨基酸和不饱和脂肪酸，易被人体吸收，可增强人体免疫力。朗德鹅不仅产肝性能好，而且也具有较好的产肉性能。其肥肝质地鲜嫩，味美独特，肥肝中含有大量对人体有益的不饱和脂肪和多种维生素，营养价值丰富。因此，朗德鹅在国际市场上，特别是西欧市场销路很好。朗德鹅在中国也有广泛的分布，如山东、吉林、浙江、河北、山西、广东、广西、安徽等省份都有大量的养殖。在饲养朗德鹅时，需要注意其雏鹅的养殖，包括保温、育雏方式、开口和开食等，同时，它们也适合在牧草资源丰富的地方饲养，可以饲喂一定比例的青绿多汁饲料。

9. 豁眼鹅

豁眼鹅，也被称为五龙鹅、疤拉眼鹅或豁鹅，原产于山东莱阳地区，是一种具有独特特征的小型鹅种。

豁眼鹅体型较小，结构紧凑，头中等大小。它们的前躯挺拔高抬，背平宽，胸部丰满而突出，腹部丰满且略显下垂，腿脚粗壮。豁眼鹅的额头前长有表面光滑的肉质瘤，眼睛呈三角形，并且上眼睑有一个独特的疤状缺口，这是其最为显著的特征，也是"豁眼"这一名称的由来。颌下偶有咽袋。豁眼鹅的喙、肉瘤、胫、蹼均为橘红色，羽毛为白色，这使它们在外观上显得特别纯净和优雅。豁眼鹅以优良的产蛋性能著称，是世界上产蛋量最高的鹅

豁眼鹅
（摘自《中国养鹅学》）

种之一，开产日龄220d，放牧条件下年产蛋可达80枚左右，半放牧条件下产蛋量可达110个。放牧和半放牧条件下60日龄重分别为2.312kg和2.08kg，90日龄重分别为3.02kg和2.68kg。这使得它们在家禽养殖业中具有很高的经济价值。豁眼鹅适应性强，能在多种环境条件下生存和繁衍。它们耐寒、耐粗饲，因此在我国多地都有分布和养殖。除了优良的产蛋性能外，豁眼鹅的肉质也鲜美，深受消费者喜爱。因此，豁眼鹅的养殖不仅可以提供丰富的蛋类产品，还可以提供优质的肉类产品。

鹅场选址、布局与设计

一、鹅场选址

鹅场选址是一个综合考量的过程，需要考虑多个因素以确保鹅只的健康生长和高效生产。以下是一些主要的选址要点：

1. 水源和水质

鹅是水禽，需要良好的水质和充足的水源。井水和河水是良好的水源，同时应确保水质未受污染。鹅场应建在流动水附近，如沟、河、湖、水库、池塘等。

2. 牧草和饲料资源

鹅是草食性家禽，其生长过程需要大量的牧草和饲料。因此，选

邻水养鹅

草地放鹅

址时应考虑附近是否有放牧草地或可种植牧草和蔬菜的地方。

3. 地形和土壤

鹅场应建在地势高、干燥、排水良好、背风防暴晒的平地或坡地上，并且土壤应为坚实、透水性高、无污染的砂质土壤。鹅场地面要平坦且稍有坡度，以便排水，防止积水和泥泞。

地势平坦

4. 环境卫生和防疫

鹅场选址应符合当地有关部门的区域规划、规模化畜禽养殖用地规划和相关法律法规的要求，以及环境保护的要求。养殖场不得建在自然保护区、旅游区和重要水系内。同时，鹅场选址要便于防疫和隔离，距离村镇、其他饲养场、畜禽加工厂、家禽交易市场等应有一定的距离。

寒地肉鹅高效健康养殖技术简明本

5. 交通和电力

鹅场位置应便于饲料、药品、产品及物资等的运输，因此选址时应考虑道路情况，确保交通便利。同时，电力也是鹅场运营中必不可少的，选址时应确保电力供应充足。

鹅场的选址是一个综合考虑水源、饲料资源、地形土壤、环境卫生、交通和电力等多个因素的过程。正确的选址可以为鹅只提供良好的生长环境，确保鹅场的高效运营和生产效益。因此，在选址过程中，应充分调研和评估各个因素，选择最适合鹅场发展的地点。

二、规模化鹅场布局原则

规模化鹅场的布局原则主要包括以下几个方面：

1. 合理利用土地

鹅场的布局应充分考虑到土地资源的合理利用，既要满足鹅只的生活和生产需求，又要避免土地的浪费。这包括鹅舍、运动场、饲料库、水池等各类设施的合理规划和布局。

2. 便于生产管理

鹅场的布局应有利于生产管理，方便饲养员进行日常的饲养、清洁、消毒等工作。各类鹅舍和设施的布局应合理，避免交叉污染，方便管理和操作。

3. 预防疫病传播

疫病防控是鹅场管理的重要一环，因此布局时应考虑到疫病的预防

合理布局

鹅场设施布局

和控制。鹅舍之间应有足够的距离，避免疾病的传播。同时，应设置专门的隔离区，用于隔离患病或疑似患病的鹅只，防止疾病的扩散。

寒地肉鹅高效健康养殖技术简明本

4. 保障鹅只福利

鹅只的福利是鹅场布局的重要考虑因素之一。鹅舍的设计应考虑到鹅只的舒适度，提供足够的空间、良好的通风和采光条件。运动场应宽敞、安全，方便鹅只活动。

5. 便于环境保护

鹅场的布局还应考虑到环境保护的因素，如污水排放、粪便处理等问题。应设置专门的污水处理和粪便处理设施，避免对环境造成污染。

宽阔的运动场   传送带清粪

规模化鹅场的布局原则是一个综合考虑土地利用、生产管理、疫病防控、鹅只福利和环境保护等多个方面的过程。通过科学的布局，可以提高鹅场的生产效率，保障鹅只的健康和福利，同时也有利于环境保护和可持续发展。

三、鹅场应具备的外部条件

鹅场外部环境对于鹅的生长、健康和生产力具有重要影响。

1. 水源环境

鹅是水禽，对水质和水量的需求较高，水质的好坏直接影响鹅的生长和健康。清澈、无污染的水源是养鹅的基本条件，能够确保鹅只饮用水的安全，减少因水质问题引发的疾病。鹅场应选址于水源丰

水源充沛

富、水质清洁的地方，夏季确保鹅群能够随时饮用和沐浴，鹅作为水禽，每天约有1/3的时间在水中生活，因此水量充足的水源是养鹅的重要保障。这不仅能够满足鹅只的饮水需求，还能为它们提供嬉戏、觅食和求偶交配的空间。良好的水源环境有助于鹅的羽毛清洁和皮肤健康，同时也有助于提高鹅的生产性能。

2. 空气质量与通风

鹅场应保持空气清新、通风良好，避免有害气体和尘埃的积聚。适当的通风可以减少病菌和寄生虫的滋生，降低鹅群患病的风险。此外，通风良好的鹅场还有助于调节温度和湿度，为鹅群提供一个舒适的生活环境。

通风换气

鹅舍通风换气

3. 地面与设施

鹅场的地面应平整、坚实、易于清洁和消毒。鹅舍内应设置合适的饮水设施、喂食器具和休息区，以满足鹅群的基本生活需求。同时，鹅场还应建立完善的排污系统，确保鹅舍内的污水和粪便能够及时排出，保持环境的清洁卫生。

鹅场地面设计

4. 温度与光照

鹅对温度和光照有一定的要求。在育雏期，需要保持适宜的温度，以确保雏鹅的健康成长。随着鹅的成长，温度可以逐渐降低。此外，充足的光照有助于鹅的生长发育和产蛋性能的提高。因此，鹅场应合理设计光照系统，确保鹅群获得足够的光照。

鹅场光照

5. 绿化与生态

鹅场周围应有一定的绿化带，种植一些树木和草皮，不仅可以改善空气质量，还能为鹅提供遮荫和休闲的场所。同时，通过合理的生态布局和植物配置，可以形成一个良好的生态平衡，减少病虫害发生。

寒地肉鹅高效健康养殖技术简明本

鹅场绿化

6. 道路

鹅场道路应合理规划，确保场内各个区域之间的连接畅通，同时考虑到鹅的行走习性和管理需求。道路设计应分为清洁道路和污水道路，清洁道路主要用于饲料和物资的管理和运输，主路多采用混凝土路面，宽度3m以上；而污水道路则用于运输粪便和死鹅，可采用石灰渣土路、碎石路面或砾石路面，宽度2m以上。这样的设计可以避免交叉污染，保持鹅场的卫生状况。

鹅场道路平整

综上所述，鹅场环境是一个综合性的概念，涉及水源、空气、地面、设施、温度、光照和生态等多个方面。为了创造一个有利于鹅生长和繁殖的环境，鹅场管理者应充分考虑这些环境因素，并采取相应的措施进行改善和优化。

四、鹅场水源选择和使用应遵循的原则

1. 水量充足

水源的水量应满足场内人员生活用水、鹅的饮用和饲

养管理用水，以及消防和灌溉等需求。考虑到防火和未来发展的需要，特别是在枯水期，水量也应能满足需求。一般来说，工作人员生活用水可按每人每天24～40 L计算；鹅的用水量为每只每天1.25 L（包括饮水、冲洗、调制饲料等用水），雏、幼鹅的用水量可按成年鹅的50%计算。

保障充足饮水

2. 水质良好

水质应符合《家禽饮用水水质标准》。除了集中式供水（如当地城镇自来水）作为水源外，一般就地选择的水源很难达到规定的标准，因此必须经过净化消毒处理才能使用。鹅饮用和饲料调制的水如果不经处理就能符合饮用水标准则最为理想。

保障水质

3. 便于防护

水源周围的环境卫生条件应较好，以保证水源水质经常处于良好状态。以地面水作水源时，取水点应设在工矿企业和城镇的上游，避免受到污染。

4. 考虑地理位置

鹅场位置的选择也应考虑水源的位置，水源应便于鹅场进行日常的水管理和使用。

遵循这些原则，可以确保鹅场的水源既满足鹅的生理需求，又符合生产和生活的要求，同时也保护了环境和水资源的可持续利用。

鹅场选址

五、育雏舍建筑要求

育雏舍的建筑要求主要围绕确保雏鹅的健康成长和舒适环境展开。以下是一些关键的建筑要求：

1. 保温性能

由于雏鹅体温调节能力较差，育雏舍应具备良好的保温隔热条件。墙壁应厚实，屋顶应设天花板，以减少热量散失。同时，舍内应安装加温设备，并有稳定的电源供应，确保舍内温度适宜。

鹅舍取暖设施

2. 通风与采光

育雏舍应具备良好的通风和采光条件，以保持舍内空气新鲜和光照充足。窗户的采光面积与地面面积之比应适当，以确保充足的自然光照。同时，要注意避免贼风侵入，防止雏鹅受凉。

鹅舍通风与光照

3. 地面条件

地面应平坦坚实，一般采用水泥或三合土铺设，以便于排水和清扫。地面应保持干燥，防止雏鹅受潮引起感冒或其他疾病。

鹅场三合土地面

4. 结构坚固

东西方向建设，一般高3.5～4.0m，长50m，宽8～10m，按照场地面积建设。育雏舍的结构应坚固耐用，能够抵御风雨等自然灾害的侵袭。墙壁、屋顶等部分应无破损，窗户、通气孔等处应安装铁丝网等防护措施，以防老鼠、黄鼠狼、蛇等动物进入舍内造成伤害。

地面垫草育雏

网上育雏

立体育雏

鹅舍卫生清洁

5. 防疫卫生

育雏舍应具备良好的防疫卫生条件，对外相对隔离，消毒方便。舍内应设置专门的消毒设施，定期对舍内环境进行消毒处理。同时，要注意保持舍内清洁，及时清理粪便和垃圾，防止疾病传播。

综上所述，育雏舍的建筑要求主要包括保温性能、通风与采光、地面条件、结构坚固以及防疫卫生等方面。这些要求旨在创造一个舒适、安全、卫生的环境，以促进雏鹅的健康成长。

六、育雏舍保温设备

育雏舍的保温设备是确保雏鹅在寒冷环境中能够健康成长的关键设施。以下是一些常见的保温设备及其特点：

1. 保温伞

保温伞通常由铁皮或纤维板等制成伞状罩，内夹隔热材料，以利保温。伞内装有热源，通过辐射传热为雏鹅取暖。电热保温伞内周围装有一圈电热丝，根据雏鹅日龄所需的温度进行调节。燃气保温伞则利用液化气或天然气作为热源，形状与电热保温伞相似。

保温伞育雏
（摘自《养鹅宝典》）

2. 红外灯

红外灯利用红外线灯泡散发热量来育雏。这种方式方便容易，但需要注意灯泡易炸、易损坏，应及时更换。

雏鹅取暖

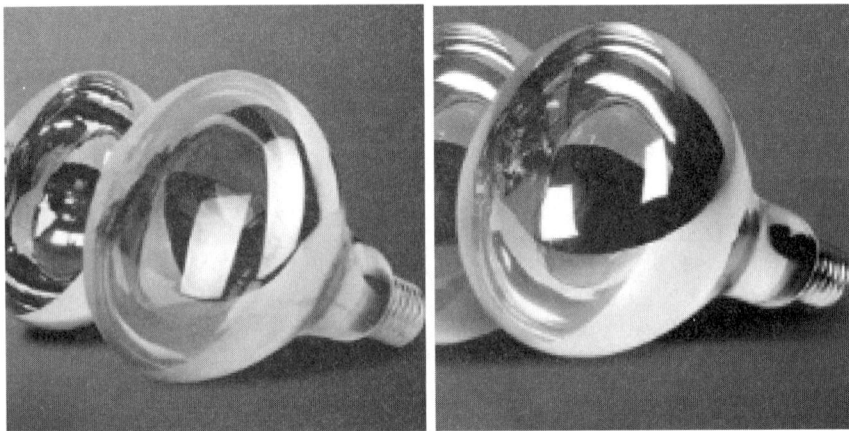
浴霸灯

3. 热风炉

热风炉是一种以空气为传热介质的供热设备。它通过燃烧产生热量，并将热空气送入育雏舍，实现均匀加热。热风炉应安装在育雏舍外，通过管道将热空气送入舍内。使用时，需要添加燃料并点燃，待炉内温度达到要求后，打开送风系统，将热空气送入育雏舍。

热风炉取暖

4. 地下烟道

地下烟道由砖或土坯砌成，结构多样，可根据育雏室大小设计不同的烟道条数和形状。适用于中小型养殖场和较大规模养殖户。通过烟道对地面和育雏空间进行加温。设计时需注意烟道进出口的口径和高度，以确保热气的流通和排烟效果。

　　在选择保温设备时，需要考虑育雏舍的规模、预算、能源供应以及管理方便性等因素。同时，为了确保雏鹅的健康成长，还需要注意设备的维护和保养，确保其正常运行和良好效果。在北方5月中旬后也可以采用地面垫草的方式育雏。

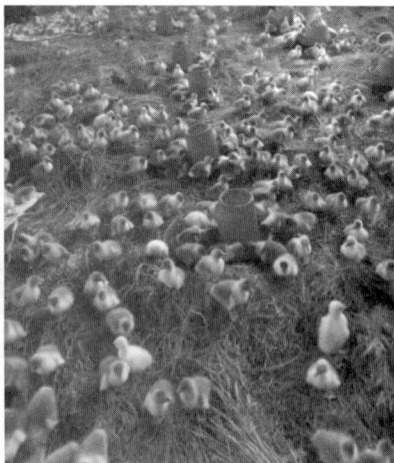

烟道加温育雏　　　　　　　　　地面垫草育雏

（摘自《养鹅宝典》）

七、肉鹅舍建筑要求

肉鹅舍的建筑要求主要着眼于提供适宜的生长环境，促进肉鹅的健康与快速生长。以下是一些关键的建筑要求：

1. 遮雨与挡风

肉鹅舍上方应有遮蔽物，以防止雨水直接淋湿鹅群。同时，肉鹅舍的东、西、北三面应设挡风设施，避免寒风直接吹向鹅群，确保舍内温度适宜。

大棚鹅舍

2. 保温与通风

虽然肉鹅相对于其他鹅种较为耐寒，但在寒冷地区仍需注意保温措施。同时，为了保持舍内空气新鲜，应设置适当的通风口，确保通风良好。

鹅舍保温与通风

3. 地面与排水

地面材料应坚固、耐磨且易于清洁。为防止积水，地面应略向排水沟倾斜，排水沟应畅通无阻，以便及时排出雨水或清洗废水。

排水渠

4. 饲喂与饮水设施

设置合理的饲喂设施，如食槽或自动喂食系统，确保肉鹅能够均匀采食。饮水设施应确保水源清洁、充足，并方便肉鹅饮用。

饲喂设施

饮水设施

5. 空间与密度

　　肉鹅舍应提供足够的空间，一般按照每平方米6～8只鹅设计，确保每只肉鹅都有足够的活动范围。同时，合理的饲养密度也有助于提高饲养效率，减少疾病传播的风险。

饲养密度合理

6. 防疫卫生

　　肉鹅舍应具备良好的防疫卫生条件，包括定期清洁、消毒、驱虫等措施。此外，肉鹅舍周围可以设置围栏或防护网，防止野生动物或外来病原体进入。

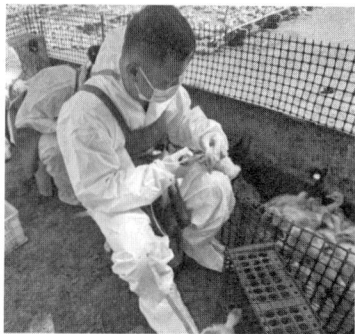

疫苗免疫

定期清洗消毒鹅舍设施与地面

7. 安全性

肉鹅舍的建筑结构应坚固稳定，能够承受风雨等自然力的侵袭。同时，电线、设备等应安全布置，防止肉鹅触电或受伤。

综上所述，肉鹅舍的建筑要求需综合考虑遮雨挡风、保温通风、地面排水、饲喂饮水、空间密度、防疫卫生及安全性等多个方面，以创造一个适宜肉鹅生长的环境。

鹅舍运动场周围设置防护围栏

保障鹅舍安全稳固

第四章

鹅的生理特征和生活习性

一、鹅的外貌特征

鹅作为一种水禽，其外貌特征具体如下：

1. 头部

鹅的头部相对较大，前额有明显的肉瘤，这是它们的一大特色。不同品种的鹅在头形和肉瘤的大小、形状上存在差异。例如，中国鹅起源于鸿雁，头顶区喙基上部通常长有半球形的肉瘤，而欧洲品种和新疆伊犁鹅一般没有肉瘤。

不同品种鹅头部比较

（摘自《中国养鹅学》）

2. 喙部

喙短而坚固，呈扁平状，适合用来啄食。

3. 颈部

脖子细长且有力，为它们在水中游泳提供了便利。

4. 身体

体型较为肥胖，体躯丰满。羽毛紧凑，颜色以灰、白为主，但也存在其他颜色的品种。有些品种甚至具有腹褶或颌下垂皮。

5. 腿脚

腿部短而粗壮，脚趾间有蹼相连，适应水中生活。不过第一趾除外，其余趾间均有蹼连接。

此外，不同地区的鹅种在外貌特征上会有所区别，如中国的籽鹅、狮头鹅、皖西白鹅，以及国外的莱茵鹅、朗德鹅、霍尔多巴吉鹅等。这些品种不仅在外观上有所不同，其生产的产品也各有侧重，包括鹅肉、鹅肝、鹅蛋和鹅羽绒等。

总的来说，鹅的外貌特征体现了它们作为水生动物的适应性，同时也反映了其在家禽中的独特地位。

二、鹅的消化系统结构

鹅的消化系统结构相对复杂，由多个部分组成，共同完成食物的摄取、消化和吸收。以下是鹅消化系统的主要结构：

1. 口腔和喙

鹅的口腔内没有唇和齿，上下颌形成喙，是主要的采食器官。鹅的舌头长而厚，侧缘有角质和丝状乳头，但舌肌不发达，黏膜上缺少味觉乳头，仅分布有数量少、结构简单的味蕾。

2. 食管

鹅的食管较宽，富有弹性，能扩张，便于吞咽较大的食块。食管颈段可扩张成纺锤形，以贮存食料。食管及膨大部能分泌黏液，有软化湿润食料的作用。当胃中食物充盈时，这里还能贮存一些食物，食管膨大部肌肉收缩时能将食物压回腺胃。

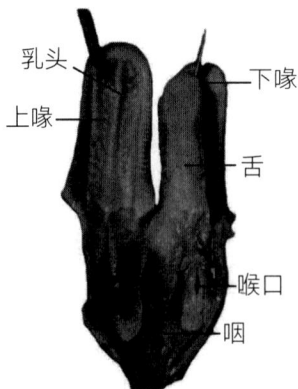

鹅口腔构造
（摘自云端兽医）

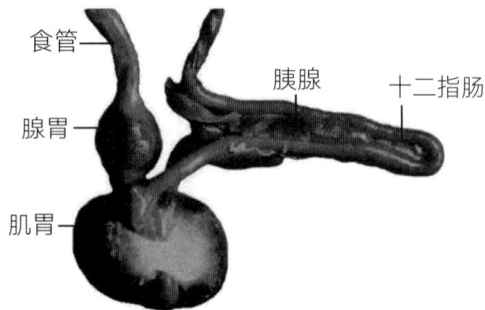

鹅消化道
（摘自云端兽医）

3. 胃

鹅的胃分为腺胃和肌胃两部分。腺胃可分泌盐酸和胃蛋白酶，蛋白酶能对食糜起初步的消化作用。但由于腺胃体积小，食糜在其中停留时间短，它所分泌的胃液随食物流入肌胃，胃液的消化作用主要在肌胃而不是在腺胃。肌胃很大，肌胃肌肉紧密厚实，同时肌胃内有许多砂砾，在肌胃强有力的收缩下，能磨碎粗硬的饲料。在机械消化的同时，来自腺胃的胃液借助肌胃的运动得以与食糜充足混合，胃液中盐酸和蛋白酶协同作用，把蛋白质初步分解为蛋白胨、少量的肽和氨基酸等。

4. 小肠

小肠是主要的营养消化吸收器官，负责进一步消化食物并吸收其中的营养成分。

5. 大肠

大肠包括盲肠、结肠和直肠，主要功能是吸收水分和形成粪便。

6. 泄殖腔

鹅的泄殖腔是其消化、泌尿和生殖系统的共同通道，同时也是最后的排泄口。

此外，鹅的消化系统中还包括一些独立结构的消化腺，如肝脏和胰腺。肝脏是最大的消化腺，能分泌胆汁，促进脂肪的消化。胰腺能分泌胰液，含有多种消化酶，对食物的消化起到重要作用。

总体来说，鹅的消化系统结构复杂，各器官协同工作，完成对食物的摄取、消化和吸收过程，为鹅的生长和发育提供必要的营养支持。

三、鹅的消化道特点

鹅的消化道具有一些独特的特点，这些特点使其能够充分利用和消化食物，尤其是青粗饲料。

1. 食管革质化和主动翻胃

鹅的食管具有革质化的特点，这意味着它的食管较为坚韧，能够处理较粗糙的食物。同时，鹅具有主动翻胃的能力，这有助于其充分消化和吸收食物。

2. 肌胃肌肉发达

鹅的肌胃肌肉非常发达，内常含砂砾。肌胃内的砂砾起着类似哺乳动物牙齿的作用，能帮助磨碎食物，如可将谷粒及粗饲料磨成粉状以利消化吸收。此外，鹅的肌胃肌肉的收缩力非常大，大约为鸡的两倍，这使其能够磨碎与消化大量的粗纤维物质。

3. 消化道发达

鹅的消化道非常发达，食管膨大部较宽，富有弹性，能扩张，便于吞咽较大的食块。鹅的食管膨大部可扩张成纺锤形，以贮存食料。当食物进入该部位后，经过一段时间的浸泡和软化，再进入胃中进行消化。当胃中食物充盈时，这里还能贮存一些食物。

4. 独特的口腔结构

鹅的口腔无唇、软腭、颊及齿等结构，前端形成特有的坚硬、扁圆形喙，方便采食和撕碎饲料。喙长而扁平，呈凿状，边缘粗糙，有很多细的角质化的嚼缘，可以用此截断青草。

5. 排泄迅速

鹅在长期的进化中，能使消化道内容物迅速排出体外，从而增加食量，获得所需营养物质。

这些特点使得鹅能够充分利用和消化各种食物，尤其是青粗饲料，从而为其生长和发育提供必要的营养支持。

四、鹅的采食特性

鹅的采食特性主要体现在以下几个方面：

1. 食草性

鹅是草食性家禽，觅食活动性强，饲料以植物性为主，能大量觅食天然饲草。一般无毒、无特殊气味的野草和水生植物等都可供鹅采食。每羽成

种草养鹅

年鹅每日可采食青草2kg。雏鹅从1日龄起就能吃草，因此要尽量放牧。若舍饲，需要种植优质牧草喂鹅，保证青绿饲料供应充足。

草地放鹅

林地放鹅

2. 食量惊人

　　鹅的食量非常大，每天需要消耗大量的食物。由于鹅没有牙齿，它们通过沿着舌边缘分布的许多乳头与咀

放牧鹅补饲

板交错来锯断青绿饲料。同时，鹅的肌胃强而有力，饲料基本在肌胃中被磨碎。在饲料中添加少量细砂或在运动场放置细砂，有助于鹅对饲料的磨碎消化。

舍饲鹅饲喂

3. 杂食性

虽然鹅主要以植物性饲料为食，但它们也可以食用一些动物性饲料，如小鱼小虾、昆虫等。这些动物性饲料不仅能为鹅提供丰富的蛋白质，还能补充钙、磷等矿物质，对鹅的骨骼发育和产蛋性能有显著促进作用。

饲喂雏鹅

放牧鹅补饲

75

4. 取食方式

家鹅的脖颈粗壮挺直，取食时头颈和躯干前部均潜入水面以下，尾部和腿脚露出水面。这种取食方式使鹅能够方便地获取水中的食物。

总之，鹅的采食特性使它们能够充分利用各种食物资源，满足其生长和发育的需要。在养殖过程中，应根据鹅的采食特性合理搭配饲料，以保证鹅的健康生长。

五、鹅的生活习性

鹅的生活习性主要包括以下几个方面：

1. 喜水性

鹅作为水禽，天性喜水，每天有1/3的时间是在水中。它们习惯在水中嬉戏、觅食和求偶交配。因此，鹅场应建立在有良好水源、宽阔水域的环境下，尤以沟、湖、河等流动水域为佳。

鹅场人造泳池

2. 合群性

鹅具有很强的合群性，行走时排列整齐，觅食时也是在一定的范围内扩散。当离群独处时，会发出高声鸣叫，以求同伴回应后寻声归群。这种合群性有利于鹅群的管理。

3. 草食性

鹅是草食性家禽，饲料主要以植物性饲料为主，觅食活动强，可以大量觅食天然的植物性饲料，如青草、谷物、豆类、蔬菜等。其中，青草是鹅的最爱，能为其提供丰富的纤维素、维生素和矿物质。

鹅采食鲜草

4. 季节性

鹅是季节性繁殖动物，北方鹅一般每年3月到9月为产蛋期。在繁殖季节内，受精率也呈现周期性的变化，一般繁殖季节初期和末期受精率较低，产蛋中期产蛋率高时，受精率也高。

5. 集群生活

鹅的生活以家庭为基础。一般 6～18 只鹅组成一个团队生活，团队数量通常是 6 的倍数。它们生活在水生植物丰富的河边或湖边，以当地杂草的嫩叶和水中的小鱼、小虾、蜗牛为食。

鹅集群外出

6. 警觉性

鹅的警觉性非常强。它们听觉敏锐，反应迅速，叫声响亮。一旦遇到陌生人或者有天敌入侵，鹅就会表现出攻击性，并大声喊叫，提醒同伴。鹅的这种警觉性使得它们成为很好的看门动物，尤其是在夜间，鹅群会对异常的动静发出尖厉的鸣叫声。但同时，鹅也胆小易受惊，对人、畜声音的刺激，猫、狗、老鼠等动物入舍的骚扰，均有害怕的感觉。因此，在养鹅生产中，应保持鹅舍的安静，防止动物进入圈舍，避免惊群影响鹅的采食和产蛋。

鹅警觉性强

7. 夜间产蛋性

鹅具有夜间产蛋的特性。与大多数禽类白天产蛋不同，母鹅通常在夜间产蛋。这一特性为种鹅的白天放牧提供了方便。在产蛋前约0.5h左右，鹅会进入产蛋窝，产蛋后稍歇片刻才离去，表现出一定的恋巢性。由于鹅产蛋一般集中在凌晨，若多数窝被占用，有些鹅宁可推迟产蛋时间，这会影响鹅的正常产蛋。因此，鹅舍内窝位要足，垫草要勤换。

8. 生活规律性

它们通常表现出日出而作、日落而息的生活习性。白天鹅群会外出觅食、游泳和嬉戏，而到了夜晚则会回到鹅舍休息。此外，鹅的采食、饮水、排泄等活动也表现出一定的规律性，这有助于饲养员进行管理和照顾。

鹅补饲

鹅嬉水

以上就是鹅的主要生活习性，这些习性使它们能够适应不同的环境和生存条件。

六、鹅各阶段的生长发育特点

鹅的生长发育过程可以分为几个阶段，每个阶段都有其独特的生长发育特点。

育雏前期（0～2周龄）：这是雏鹅出壳后的转变期。雏鹅的体温调节从变温到恒温转变，同时营养方式也逐渐从内源性营养（卵黄囊）过渡到外源性营养（饲料）。此阶段的雏鹅对温度调节能力差，需要适宜的温度环境，并且其消化机能不完善，应饲喂易消化的饲料。

育雏后期（3～6周龄）：这个阶段是雏鹅的快速生长期，体重增长迅速。到6周龄末，体重可以达到出壳重的16.5倍左右。雏鹅已经完全适应了营养方式上的转变，胃肠道发育程度基本可以满足其对营养物质摄入、消化、吸收的需求。

育成前期（7～12周龄）：这个阶段是骨骼-肌肉发育期，同时也是体重增加最快的阶段。7周龄的时候鹅骨架已经发育到全程的75%。

育成后期（13～16周龄）：鹅体脂肪细胞的容积开始增大，身体干物质增多，体脂增加约4倍，所含能量增加。此阶段应该降低能量浓度。

七、雏鹅阶段的温度要求

雏鹅阶段的温度要求因鹅的日龄、育雏季节、雏鹅强弱以及品种的不同而有所差异。一般来说，对于1～5日龄的小鹅，鹅舍温度应稳定在28～30℃；6～10日龄的小鹅，适宜温度为25～28℃；11～15日龄的小鹅，保持22～25℃的温度较为合适；16～30日龄的小鹅，20～22℃的温度最为适宜，此后可逐渐过渡到自然温度。

然而，对于某些特定品种如籽鹅，育雏一般选择在初春季节进行，其温度要求略有不同。1～5日龄要求温度达到27～29℃，6～10日龄为24～26℃，11～15日龄为22～23℃，16～20日龄为19℃。

此外，鹅舍的温度管理还需根据鹅苗的状态灵活调整。当温度较低时，鹅群容易扎堆，不爱吃食，叫声低沉；而温度过高时，鹅群会散开，远离热源，张口呼吸，喘气，饮水暴增，叫声简短。只有当鹅群均匀散开，活动自如时，才说明温度是正常的。

为了有效控制鹅舍温度，可以采取通风换气、遮阳降温和加热设备等方法。通风换气可以排出鹅舍内的热气和湿气，保持空气新鲜，从而降低温度。在夏季，可以通过搭建遮阳网或种植藤蔓植物等方式，为鹅舍遮挡阳光，减少热量进入。在冬季或寒冷天气，可使用加热设备如暖风机、锅炉等，确保鹅舍内温度适宜。

鹅舍换气设备

鹅舍采暖设备

第五章

育雏前养殖筹备工作

一、房舍准备

育雏舍育雏的数量以饲养至28日龄为例，饲养密度按10只/m²为宜。进雏前对育雏舍进行维修、清理及彻底消毒。进雏之前的3～5d，用消毒药0.1%百毒杀（主要成分：癸甲溴氨溶液）、2%～5%氢氧化钠的对房舍四周、天棚和地面等不留任何死角进行喷洒消毒。

育雏舍

育雏舍总的要求：保温性能好、舍内干净、温度适宜、空气流通，且无"穿堂风"，无鼠害与兽害、环境安静、无工业污染、有利卫生防疫。进雏鹅的前 1 ～ 2d，育雏舍要做好预温工作，舍内温度加热达到 35℃时方可进雏。

二、育雏设备准备

根据条件恰当选用火炕、地暖、网上或地面厚垫草等育雏方式，并备好相应供暖、光照、饲喂、饮水、活动栅栏等设备和用具。

鹅场围栏

鹅舍大棚骨架

鹅舍大棚覆膜

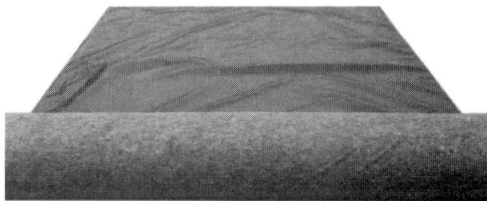

鹅保温防水膜

雏鹅自动饮水器

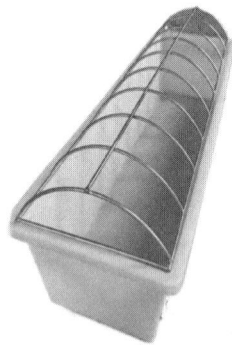

饮水槽

鹅饮水器

鹅食槽（一）

鹅食槽（二）

雏鹅保育床

青贮储备

垫草

1. 地暖育雏

采用水暖地炕育雏，在舍内地面上铺设5～10cm的锯末或秸秆等垫料，受热均匀平稳，避免人为驱赶骚扰，雏鹅睡得安稳，卵黄吸收好，雏鹅生长快而茁壮。

地炕育雏

2. 网上育雏

在大型养殖生产中，多采用网上育雏方式。首先在育雏舍建一个距离地面高70～80cm支架，其上方铺置硬塑料网片。网片要求牢固、平整，便于拆迁、清洗和消毒。网孔尺寸以0.8cm为宜，便于粪便漏下，每天定时清粪。网上养鹅不用垫料，管理方便，雏鹅不与粪便直接接触，有利于雏鹅的健康。鹅脐下透风，易扎堆，应每隔1h用手拨散雏鹅，使其活动，达到调节温度、蒸发水汽的效果，从而确保其健康成长。大群育雏时，还要备好隔栏（栏高30cm），以便于强弱分群或隔成小群管理。

寒地肉鹅高效健康养殖技术简明本

网上育雏

各种育雏方式比较见表5-1。

表5-1　育雏方式比较

育雏舍类型	地热地面垫料育雏	育雏舍类型	大棚网上育雏
建设投入	300元/m²	建设投入	200元/m²
供暖方式	地热供暖	供暖方式	7月育雏，不供暖
饮水方式	自动给水系统	饮水方式	真空式饮水器
给料方式	10只鹅雏/料盘	给料方式	20只鹅雏/料盘
饲养密度	100只鹅雏/5m²	饲养密度	100只/5m²
隔断方式	30只/隔断	隔断方式	60只/隔断

3. 饲料药品准备

为鹅群准备一定量的青绿饲料，以便节省精料，降低饲养成本，提高经济效益。因此，饲养3～4月龄的肉用鹅每只总计需40～50kg青绿饲料和8kg精料。除此之外，还要备好养鹅常用的疫苗和药品。肉鹅免疫与保健程序参见表5-2。

表5-2　肉鹅免疫与保健程序参考

日龄	生物制品种类	使用方法
1日龄	小鹅瘟高免卵黄抗体	颈部皮下注射0.5mL
1～3日龄	恩诺沙星粉剂和多维粉	按说明书执行，饮水连用3d
8日龄	小鹅瘟高免卵黄抗体	颈部皮下注射1.0mL
14日龄	新流二联疫苗	按说明书执行
20～23日龄	沙拉沙星粉剂	按说明书执行，饮水连用3d
28日龄	禽流感三价灭活疫苗	按说明书执行
30日龄	驱虫高手粉	按说明书执行
60日龄	禽霍乱大肠二联灭活疫苗	胸肌注射1mL

4. 雏鹅选择

选择履行正规免疫程序的种鹅场或孵化场选购雏鹅，要求雏鹅体重、绒毛颜色等生理特性应符合品种特征。要遵循一看

寒地肉鹅高效健康养殖技术简明本

二摸三试原则，一看要眼观体质健壮、个头大、活泼好动、绒毛粗壮有光泽、眼睛有神、叫声响亮；二摸脐部收缩完好，而且无血斑水肿和脐带炎；三试是用手抓雏鹅，感觉挣扎有力、有弹性，脊骨壮、腹部柔软、大小适中，人为使雏鹅仰翻，能快速翻身站立的雏鹅。

5. 雏鹅运输

初生雏鹅毛干并能站稳后即可起运，运输雏鹅时，要注意保温（25～30℃）和通气。夏季防暑，冬季防寒，途中经常检查雏鹅动态，防止雏鹅因天气炎热中暑或寒冷拥挤"扎堆"。如果发现异常及时采取有效措施。对仰面朝天的雏鹅要立即扶正，避免挤压、踩踏等原因造成伤亡。运输途中不能喂食，如果长时间运输，应让雏鹅饮用多维葡萄糖水，以免雏鹅脱水而影响成活率。雏鹅运到后，在鹅舍休息30min，让其充分饮水后，再开食。

第六章

育雏期鹅饲养管理

一、雏鹅分群

鹅具有合群特性，适于群养。根据雏鹅的生长发育及体质差异等情况进行分群饲养，既便于管理，也可保证雏鹅生长发育的整齐度。小群以每群50～60只为宜，大群以每群100～200只为宜。一般在7、15、20日龄进行分群，对生长慢、体质弱的鹅雏采取小群饲养，加强保暖，细心护理，多喂饲料和优质草料，促进其生长发育，以保证雏鹅生长整齐，提高育雏率。

二、雏鹅饮水

食前初次饮水又称"潮口"。雏鹅出壳后18～24h表现出张嘴伸颈，相互啄咬，饲养员伸手引逗时，鹅雏争

雏鹅潮口

相啄咬，此时给予饮水。用饮水器供给清洁温开水或添加多种维生素的水（1～7d）。雏鹅初次饮水，可将几只雏鹅的喙按入饮水器中2～3次，使其学会饮水，其他雏鹅便会模仿饮水。初饮可刺激雏鹅食欲，有利于胎粪排出。为减小雏鹅应激或腹泻，前3天饮水中可添加阿莫西林可溶性粉、沙拉沙星或恩诺沙星等粉剂兽药（任选一种药物即可）。

三、雏鹅开食

雏鹅第一次吃料叫"开食"。一般在雏鹅饮水后不久，便可开食。及时开食，有利于保证雏鹅正常的生长发育。如果开食过晚，可导致食欲不振，发育迟缓、降低雏鹅成活率。把配合颗粒饲料放入方便式料盘或料桶中，调教雏鹅啄食，开食后即转入正常的饲养。1～7d内的雏鹅做到少给勤添，一般白天喂6～8次，夜间加喂2～3次。精料量每只20～40g/d，青料喂量每只5g/d（表6-1）。雏鹅阶段的饲料要相对稳定，看鹅吃食的状态加料。禁喂发霉变质的饲料，料桶内的剩余饲料不可过夜，以免时间过久发生霉变。

雏鹅开食

表6-1　鹅饲喂的精料、青饲料和饲喂次数

日龄（d）	只均精料量（g/d）	只均青饲料量（g/d）	饲喂（次/d）
1～7	20～40	5～10	8～10
8～14	50～70	40～50	6～8
15～21	90～100	60～65	4～5

饲喂精料

补饲青饲料

四、育雏条件

1. 温度湿度

雏鹅绒毛短而稀薄，体温调节能力差，人为调整适宜的环境温度是雏鹅正常生长发育的保证。除查看温度计外，还需要根据雏鹅的活动及采食状况来判断温度是否适宜，并及时调整。尤其要避免雏鹅扎堆的情况出现，否则会有较弱的雏鹅窒息死亡。测量育雏温度标准高度，应在雏鹅自然站立时背高的水平线，日常饲养温度以距离地面6～8cm处的温度为准。采用地趴式育雏的，在夜间温度控制不好的，要把雏鹅抓到育雏箱里，每个箱里放雏鹅10～15只为宜，次日清晨6点后再把雏鹅放地面散养，避免因过多雏鹅挤压引起窒息死亡。

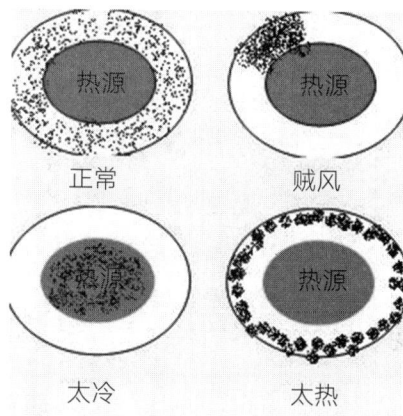

控温示意图

（摘自《养鹅宝典》）

　　湿度同样对雏鹅的健康和生长发育有很大的影响，而且与温度共同起作用。湿度过大，舍内病原微生物容易孳生繁殖，诱发各类细菌性疾病；湿度过低，饲养环境干燥，雏鹅体内水分散失，脚趾干瘪，食欲下降，易患呼吸道等疾病。在育雏前期相对湿度一般控制在55%～60%，后期一般在60%～65%。温度和湿度参见表6-2。

低温高湿		高温高湿
雏鹅体热大量散发而感到寒冷、扎堆 易引起感冒和下痢,增加僵鹅、残次鹅和死亡数 育雏成活率降低	经常发生	雏鹅体热的散发受到限制,体热的积累造成物质代谢和食欲下降,抵抗力减弱 引起病原微生物大量繁殖,提高了雏鹅的发病率

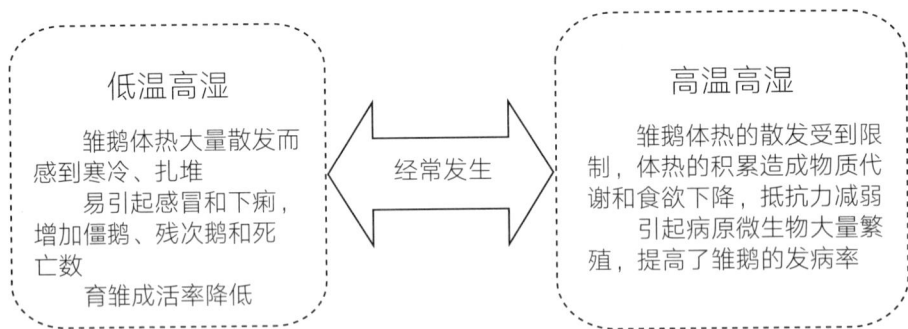

表6-2 温度和湿度

周　龄	温　度（℃）	相对湿度（％）
1	32～30	55～60
2	30～28	55～60
3	28～24	60～65
4	24～22	60～65

2. 养殖密度

在育雏期间，雏鹅生长发育较快，随着日龄的增加，饲养密度要不断进行调整，保持适宜的饲养密度，方可保证雏鹅正常、良好的生长发育。养殖密度参见表6-3。

雏鹅在育雏舍

表6-3　养殖密度

单位：只/m²

品种类型	饲养方式	周　龄			
		1	2	3	4
大型	网上平养	15	12	8	5
	地面平养	14	10	7	4
中、小型	网上平养	20	15	10	6
	地面平养	18	13	8	5

3. 通风换气

　　雏鹅生长发育较快，随着雏鹅日龄的增加，其新陈代谢日渐旺盛，排出大量的二氧化碳和水蒸气，加之粪便中分解出的氨气，致使舍内空气污浊、潮湿，影响雏鹅的生长发育。因此，育雏舍通风换气，保持舍内空气新鲜和温度适宜很重要。生产中通常以打开门窗和顶棚通风孔的开关或排风扇来完成舍内通风换气的调节。注意通风换气时不能让风直接吹到雏鹅身上，防止雏鹅受凉而感冒。

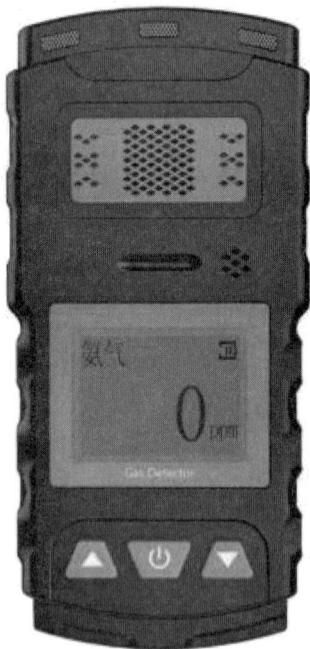

氨气浓度检测仪

鹅舍换气装置

舍内安装氨气检测

4. 光照强度

光照不仅与生长速度有关，也影响鹅性腺发育，适宜的光照（尤其是阳光）可改善雏鹅的采食和饮水状况，促进某些内分泌的形成，保证良好的生长发育，增强体质，预防疾病。育雏初期，如自然光照时间满足不了雏鹅的需要，可人工补充一定的光照，保证光照时间适宜、强度适当。如光照时间过长、强度过大，易诱发雏鹅啄癖。一般可用白炽灯作为补充光源，每40m²的育雏舍使用一盏40W灯泡，灯泡悬挂在舍中间离育雏平面2m高处。第1周光照时间为24～20h，第2周为20～18h，第3～4周为18～14h。10日龄以后可逐渐增加雏鹅在舍外的活动时间，使雏鹅多接受阳光照射，增强体质。

5. 卫生防疫

育雏舍和运动场地要经常清扫，及时清除粪便和污染物，勤换垫草，保持鹅舍内外环境卫生。饲料槽、饮水器要每天进行一次清洗和消毒。育雏期所用的各类饲料，要保持卫生、新鲜，青绿饲料要现粉碎现用，拌湿的饲料要一顿吃完，防止霉变。育雏舍夜间要有专人守护，用暗光照明，观察雏鹅的动态，防鼠害，出壳后的雏鹅应按时进行小鹅瘟、鹅副黏病毒、禽流感等疾病的免疫接种。

6. 适时放牧

10日龄以上雏鹅可开始训练放牧，提高雏鹅适应外界环境的能力、增强体质。放牧要根据舍外温度而定，温度要高于15℃，用手背感知地表温度，温和为宜。放牧前不喂料，促使雏鹅在放牧地多采食青草，有效减少精料的饲喂量，降低生产成本。开始放牧时间要短，路程要近，以后逐渐延长。20日龄后已开始长大毛，即可全天放牧，但此时雏鹅的羽毛尚未长成，怕冷、怕雨、怕露水、怕暴晒。因此，放牧时应选择晴天、温暖的天气，露水蒸发后再放牧。阴雨天、大风天不宜放牧。中午收牧，进行饮水、补料和休息，下午2时出牧，每天放牧4～6h。因雏鹅胆小，合群性差，天色黑时，很难聚群、收牧和进栏，所以晚上收牧要早。放牧时间随日龄增加而逐渐延长。

鹅群适时放牧

温 馨 提 示

　　雏鹅体温调节机能弱，生长发育快，代谢旺盛，免疫系统机能不完善，容易感染各种疾病，要做好疾病预防保健工作。为雏鹅提供良好的饲养管理条件，保证雏鹅健康生长。在管理上主要是控制好鹅群密度，适时分群；每日投料少给勤添，防止饲料霉变；按日龄控制适宜的温度、湿度，采用自然光照加宵灯；适时调整料槽位高度，料槽上缘与雏鹅背平齐。一旦发现体质瘦弱、行动迟缓、食欲不振、粪便异常的雏鹅，应及时挑除，隔离饲养，对症治疗。育雏舍夜间要有专人守护，用暗光照明，观察雏鹅的动态，防鼠害。

第七章

育成期鹅饲养管理

一、育成期鹅的生理特点

鹅在中雏期（即4～10周龄），其采食、消化能力、抗病力都大大提高，在此时期骨骼、肌肉、羽毛生长最快，体温调节能力健全，对外界环境的适应能力增强。此期食量大，耐粗饲，如以放牧为主，能最大限度地把青草转化为鹅产品，同时适当补喂一些精料，供给充足的钙、磷等矿物质，以满足骨骼、肌肉快速生长发育的需要。

鹅群放牧

二、育成期放牧饲养管理

俗话说："鹅要壮，需勤放；要鹅好，放青草。"育成期鹅合群性增强，喜戏水，以放牧为主，补饲为辅。每天应按时饲喂、放牧和戏水，形成规律的生活习惯。天气适宜可全天放牧，放牧地宜近不宜远。当遇见草场丰盛处，鹅群应聚集些；草场欠丰盛处，就应使鹅群散开些，使

鹅群补饲

其吃饱喝足。驱赶离群鹅只时，动作要缓，以免惊群而影响采食。在每天放牧过程中，力争让鹅吃到5个饱（即上午2个饱，下午3个饱，鹅的食道膨大部俗称嗉袋，当膨大到喉部下方时，即为1个"饱"的标志）。放牧地宜靠近水源，鹅戏水、洗浴有

寒地肉鹅高效健康养殖技术简明本

利于羽毛清洁，促进其生长发育，提高机体免疫力。每次放水约 30min，上岸休息 30 ～ 60min，再继续放牧。天热时每隔 30min 放水 1 次。放牧时应该注意清点好鹅数，回牧时也要及时清点，如有丢失应及时找回，并注意防风避雨。

三、补饲管理

育成期鹅消化机能完善，代谢旺盛易饥饿，除了正常放牧采食外，还应在傍晚补饲一定量的精料，满足育成期鹅的生长需求。如无放牧条件而舍饲，则可用刈割的青绿饲料或秸秆粉经生物发酵后调制的配合饲料投喂，并供给清洁充足的饮水。因鹅矿物质采食不足，应补充适量的矿物质添加剂，保证鹅正常生长发育的需要。补饲配方：玉米 70.0%，豆粕 15%，麦麸 8%，蛋氨酸 0.1%，石粉 2%，磷酸氢钙 2.5%，盐 0.4%，预混料 2%。

鹅群补饲

四、分群管理

体质健康的鹅，毛顺体壮、动作敏捷、食欲旺盛易抢吃。体质弱的鹅体型小、毛杂乱或有伤残、吃食时东张西望，动作迟钝。根据体质大小、强弱做好分群管理，防止因大欺小、以强欺弱而影响个体的生长发育和群体整齐度。

第八章

管理 育肥期鹅饲养

一、育肥期鹅的生理特点

育肥期一般指10～12周龄以后的鹅，此时鹅体格增大，全身羽毛基本长齐，具有一定的耐寒性，对外界环境的适应和调节能力有所提高，消化系统逐渐发达，采食能力增强，采食量增加，脂肪沉积速度加快。鹅体重达3kg以上，虽然鹅的骨骼和肌肉发育比较充分，但没能达到最佳上市体重，膘度不够，肉质不佳，为此在上市前应进行为期15～20d育肥期的饲养管理。

育肥鹅

二、育肥期饲养管理

寒区冬季漫长，鹅在冬季体能消耗较大，在进入寒冷的冬季前，可适当增加精料饲喂，将鹅饲喂得略肥些，以增强体质。如果饲养管理不当，尤其是营养缺乏时，将影响鹅的发育和增肥，因此，一定要注意营养的合理供给。鹅舍保温也很重要，舍内温度以5℃左右为适宜。温度过低，不但会使鹅消耗过多的体能，浪费大量的饲料，同时也会降低鹅对疾病的抵抗力；温度过高，使鹅不适应舍内外温度的变化，易发生感冒，也会使鹅发生脱毛现象，就是通常所说的"伤热"现象。在冬季，还应保证鹅在舍外一定的运动量，以起到促进食物的消化吸收和锻炼体质的目的，宜选择向阳、背风的地方，在太阳升起后再进行舍外运动。

鹅的育肥方式有两种：放牧育肥和舍饲育肥。可根据现有条件和市场需求选择适宜的育肥方式，以保障上市高品质肉鹅获得良好的经济收益。

1. 放牧育肥

本方法适用于具备放牧场地或秋收季节空闲农田，秋季牧场的牧草尚有未全黄的草叶和草籽可供鹅采食，秋季是农作物收获的季节，在农田地里，把育肥鹅赶到田间，采食收后漏在地里的粮食与草籽。每日归牧后，

放牧育肥

可根据鹅放牧采食的情况补饲一定量的精饲料。放牧育肥的优点是经济成本较低，缺点是放牧过程中鹅运动消耗体能，并受季节限制，育肥期较长。

伴随放牧育肥模式的不断发展与进步，玉米地放鹅作为一种新的放牧方式被广大养殖户所逐渐认可。"玉鹅生态种养

模式"是黑龙江八一农垦大学动物科技学院周瑞进老师，开展"生态养殖技术"研究取得的成果。应选用适宜当地栽培的高秆玉米品种，在玉米幼苗3～4片叶时定苗，此后即可不再进行任何中耕、追肥等田间管理。一般在5月中下旬开始育雏，最晚不得超过6月初，否则玉米地的杂草将无法控制。一般雏鹅体重在400g以上时，方可将其赶入玉米地放牧。这个时间需要20～23d。对达不到放牧要求体重的雏鹅，应继续饲喂至达到标准，否则弱小雏鹅极易死亡。饲养密度视玉米地的杂草量而定，一般每公顷饲养200～250只鹅。

这种"玉米＋大鹅"模式的优势在于，鹅在田间行走施粪肥，增加土地肥力，3～5年改良土壤为有机地；鹅食用玉米老叶和杂草，增加玉米地通风，基本消灭了玉米生长后期杂草和虫害；鹅吃玉米须根，让玉米深入土壤更深，吸收更多营养，促进植株长得更高，籽实更加饱满；玉米和大鹅均成为绿色有机食品原料，秸秆在收获后通过青贮发酵方式饲喂鹅，减少秸秆收割后堆积，减少秸秆燃烧碳排放，降低环境污染，形成了良性循环的生态农业生产模式。

玉米地放鹅

2. 舍饲育肥

没有放牧条件的地方可采取舍饲育肥，这种育肥方法效率高，育肥的均匀度好，但饲养成本较放牧育肥高。舍饲育肥是采用自然光和人工照明相结合，育肥舍内的光线偏暗，青饲料供其自由采食，精饲料补充充足，同时供给充分的饮水，确保其育肥期营养需要。育肥饲料配方：玉米65.0%、鹅3段浓缩料35%。日喂料200g左右。做好卫生管理和防疫工作，进场车辆、人员及物品应严格消毒。棚舍保持通风、干燥，每平方米的饲养量为4～6只，每天喂3～4次。育肥舍内及周边保持环境安静，让鹅减少运动多休息，使鹅体内脂肪迅速沉积，达到较好的育肥效果。

舍饲育肥

三、肥育程度判断

肉用鹅的肥育程度确实是评价其经济价值和食用品质的重要指标。要综合评估肉用鹅的肥育程度，饲料供应情况、鹅的增重速度和育肥肥度这三个方面都是不可或缺的考虑因素。

1. 饲料供应情况

饲料是肉用鹅生长和肥育的物质基础。优质的饲料能够提供鹅生长所需的充足营养，包括蛋白质、能量、矿物质和维生素等。

饲料的种类、质量和供应量都会直接影响鹅的肥育程度。如果饲料供应不足或质量差，鹅的增重速度和育肥肥度都会受到影响。在放牧情况下，如果作物茬地面积较大，脱落的豆粒、谷粒等粮食较多时，肥育时间可适当延长；如果没有足够的放牧地或未赶上作物收割季节，可适当缩短肥育时间，抓紧出售。

在舍饲肥育条件下，主要应根据资金、饲料供给等情况确定肥育时间。

2. 鹅的增重速度

增重速度是评估肉用鹅生长性能和肥育程度的重要指标之一。在相同饲养条件下，增重速度快的鹅通常意味着其生长性能良好，肥育程度也相对较高。通过定期称重和记录，可以监测鹅的增重速度，并根据需要调整饲养管理措施，以促进鹅的生长和肥育。育肥期间鹅的体重增长速度反映生长发育的快慢，同时也反映出饲养管理水平的高低。一般在育肥期间，放牧增重0.5～1.0kg，舍饲可增重1.0～1.5kg。当然增重速度与饲养的品种、季节、饲料以及饲养管理水平等因素有密切的关系。

3. 育肥肥度

育肥肥度是指肉用鹅体内脂肪沉积的程度。适度的脂肪沉积可以提高鹅肉的口感和风味，但过度肥育则可能导致肉质下降和经济效益降低。评估育肥肥度可以通过观察鹅的体型、触摸其腹部脂肪厚度或使用超声波等仪器进行测量。同时，还可以结合屠宰后的胴体品质来评估育肥肥度。膘肥的鹅全身皮下脂肪较厚，尾部丰满，胸肌厚实饱满，富含脂肪。肥度的标准主要根据鹅翼下两侧体驱皮肤及皮下组织的脂肪沉积度来鉴定。若摸到皮下脂肪增厚，有板栗大小、结实、富有弹性的脂肪团者为上等肥度；若脂肪团疏松为中等肥度；摸不到脂肪团而且皮肤可以滑动的为下等肥度。

温 馨 提 示

　　根据肉用鹅育肥期的生理特点，肥育时应掌握以下原则：育肥期一般10～14d；限制鹅的运动，在光线较暗的舍内，减少外界因素的干扰；以舍饲、自由采食为主；喂以富含能量的谷类饲料为主，白天喂3次，夜间补喂1次；饲养密度不可过大，4～6只/m^2；保持舍内干燥，通风良好，做好卫生防疫；供给充足饮水。

第九章

鹅常见病防治

一、小鹅瘟

小鹅瘟又称鹅细小病毒感染，是由小鹅瘟病毒引起雏鹅出现急性或者亚急性败血性的传染病。

1. 临床症状表现

4～20日龄以下的雏鹅是本病的高发群体，以严重下痢和渗出性肠炎为特征，病死率可超过90%。成年鹅也可能感染本病，一般没有神经症状出现，表现为下痢和采食量减少，病毒经排泄物及卵传播疾病。

1周龄内雏鹅，当发现精神呆滞后数小时内即衰弱或倒地两腿乱划，很快死亡。1～2周龄雏鹅，病鹅离群独处、缩颈、步行艰难、食欲废绝、排出黄白色带有气泡的水样稀便，喙前端颜色深暗、流涕，继而出现颈部扭转、抽搐或瘫痪等神经症状而死亡。2周龄以上雏鹅，症状较轻，出现食欲减退与腹泻，患病鹅表现为精神委顿、消瘦，少食或拒食，行动迟缓，站立不稳，腹泻粪便中混有多量未消化的饲料、纤维碎片和气泡；少数病鹅的排出粪便表面有纤维素性伪膜覆盖，泄殖腔周围绒毛污秽严重，鼻孔周围有许多分泌物和饲料碎片。病程一般5～7d或更长，少数病鹅可以自愈。

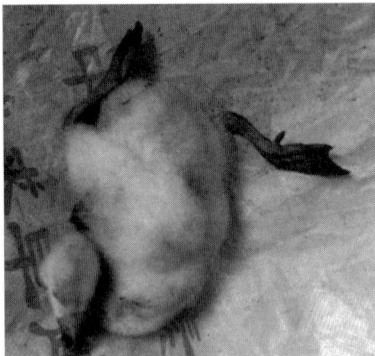

| 病鹅角弓反张 | 肠道中充满黄白色栓子 |

2. 防控措施

本病目前无特效的化学药物治疗，因此疫苗和血清是预防的关键措施，种鹅于产前15d左右，用小鹅瘟活疫苗免疫注射，每羽份1mL，肌肉或者皮下注射。雏鹅注射卵黄抗体预防，1日龄雏鹅颈部皮下注射0.5mL/只，7日龄雏鹅再注射1.0mL/只。同时每天对雏鹅进行监控，及时发现患病雏鹅，确诊后应先将未出现症状的雏鹅与已经出现症状的雏鹅分开饲养，对先前的饲养环境进行彻底消毒，出现症状的鹅皮下注射1.5～2.0mL卵黄抗体，未出现症状的鹅可注射1.0mL卵黄抗体进行预防。

二、禽流感

禽流感是由A型流感病毒引起多种家禽及野生禽类发病的一种高度接触性传染病，以呼吸系统病症，伴有精神沉郁、饮水和采食量下降、产蛋量下降为特征。

1. 临床症状

发病前1～3d，整群鹅精神沉郁、羽毛松乱，双翅下垂，体温升高42℃以上，精神萎靡或沉郁，昏睡，采食量明显减少，甚至食欲废绝，产蛋率急剧大幅度下降或停产，死亡率急剧上升。多数病鹅死前口、眼、鼻孔流出暗红色带血分泌物。严重下痢，拉白色或淡黄色或黄绿色稀粪，肛门附近羽毛被粪便粘住。头颈部及皮下水肿。鼻窦肿胀，鼻腔分泌物增多，流鼻液，呼吸困难，张口呼吸。流泪，眼结膜潮红、充血、出血，眼角膜混浊等。跗关节及胫部鳞片下出血，出现运动失调、震颤、扭颈、角弓反张等神经症状，左右摇摆或频频点头，最后倒地挣扎，最终因呼吸困难而死亡。传染性强，死亡率高。

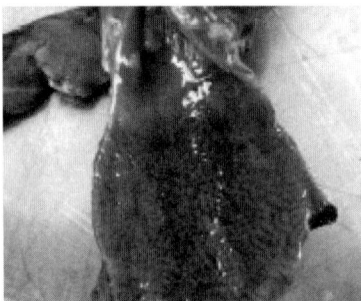

腺胃乳头出血
（摘自《水禽疾病图谱》）

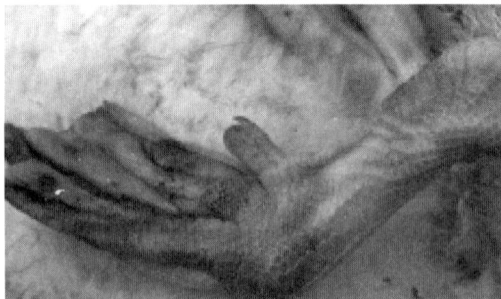

爪部皮肤出血
（摘自《水禽疾病图谱》）

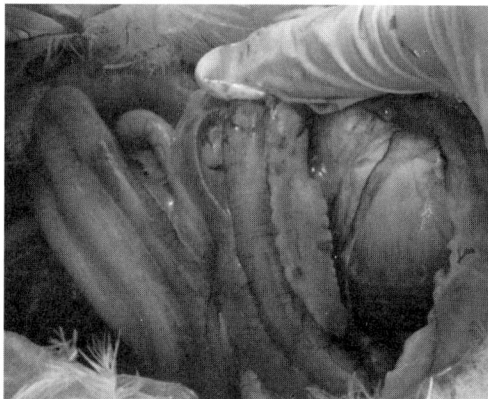

胰腺有出血点

病鹅头颈扭转

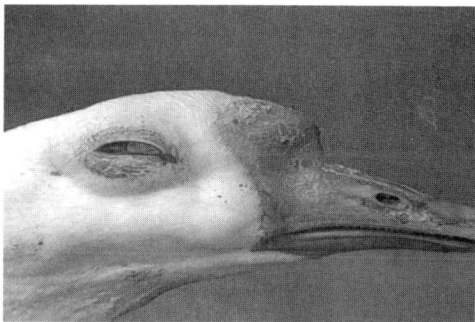

典型的流血泪

（摘自《水禽疾病图谱》）

鹅瘫痪翅下垂

（摘自《水禽疾病图谱》）

2. 防控措施

本病目前无特效的化学药物治疗，定期开展疫苗免疫接种是控制和降低本病发生的关键措施。建立完善的免疫体系并确保接种质量是重中之重。加强饲养管理，严格执行生物安全措施，严禁混养其他畜禽，坚持定期消毒和临时消毒相结合的原则。

7～10日龄雏鹅，采用H5、H7和H9亚型禽流感灭活苗进行首免，3～4周后加强免疫一次H5、H7和H9亚型禽流感灭活苗。一旦发病，要立即向主管部门报告疫情，封锁禽场，销毁病禽和可疑病禽，对养殖场进行彻底消毒，对污水、粪便等进行无害化处理，对疫区、受威胁区的所有禽类进行紧急免疫接种。可采用中西医结合的方法试治。

三、鹅副黏病毒

鹅副黏病毒病是由鹅感染副黏病毒所引起的一种急性高度

接触性传染病，发病率和死亡率高。本病主要侵害消化道和呼吸道，以急性水样腹泻、两腿无力、呼吸困难和出现神经症状、产蛋率下降为临床特征。

1. 临床症状

病鹅精神沉郁，食欲减少或废绝，不愿运动，体温升高，闭目缩颈，羽毛松乱缺乏油脂并易附着污物，怕冷扎堆。病鹅鼻孔周围有黏性分泌物，从口中流出黏液，甩头，呼吸困难。病鹅出现水样腹泻，排淡黄白色、灰白色、绿色或黄绿色稀粪便，并迅速消瘦。部分病鹅后期出现

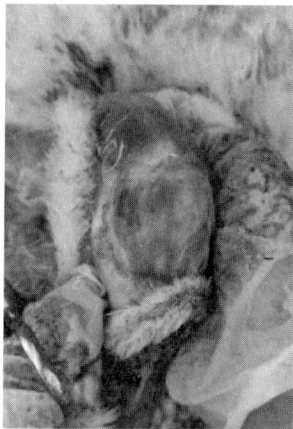

鹅脑膜充血、出血

走路不稳、两腿无力、孤立一旁或瘫痪、转圈、摇头、扭颈或向后仰等症状。各种年龄的鹅均易感，年龄越小发病率和死亡率越高。

腺胃出血

（摘自《鹅病图鉴》）

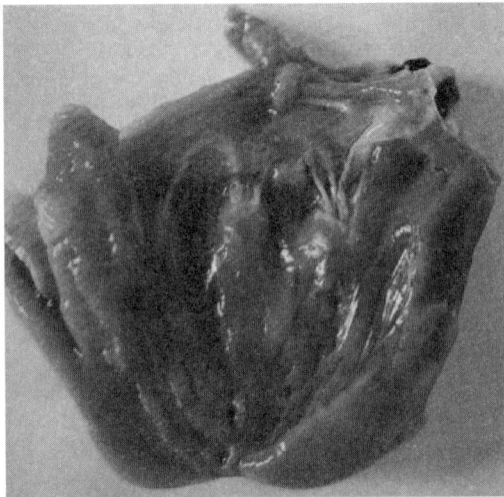

心内膜出血

（摘自《鹅病图鉴》）

2. 防控措施

疫苗免疫接种。种鹅的免疫：产蛋前2周，每只皮下或肌内注射油乳剂灭活苗0.5～1.0mL，抗体维持6个月左右。雏鹅的免疫：种鹅未免疫副黏病毒疫苗的，其后代应在7日龄进行免疫接种，每只皮下或肌内注射油乳剂灭活苗0.3～0.5mL，接种后10d内隔离饲养；种鹅免疫过油苗，其后代体内有母源抗体，可在15～20日龄进行免疫，每只皮下或肌内注射油乳剂灭活苗0.3～0.5mL。首免后1个月进行2次免疫。

鹅头颈扭转
（摘自《鹅病图鉴》）

　　发生疫情处理：隔离、消毒，建议选择使用百毒杀、3%漂白粉、2%氢氧化钠等对鹅舍内、外环境以及饲养用具进行全面消毒，每天1次，直到疫情结束。加强饲养管理，禁止到疫区引进新鹅。对于引入的后备种鹅或者雏鹅要立即接种疫苗，必须经10d以上的隔离饲养，待接种疫苗且产生免疫力才可进行放牧。平时改善饲养管理，确保环境干净卫生，提高机体抗病力。

对于发病鹅群可肌肉注射鹅副黏病毒卵黄抗体，每只鹅使用1.5～2.0mL，间隔2d再注射1次巩固疗效。同时，在饲料中添加20mg/kg的维生素B和20mg/kg维生素C混饲，连续使用7d。

四、鹅星状病毒

鹅星状病毒病是由鹅星状病毒感染引起雏鹅的一种病毒性传染病，以脏器、肌肉、关节有尿酸盐沉积为特征。该病与痛风在临床症状、病理变化方面相似，临床称为"小鹅痛风"、"雏鹅痛风"或"鹅痛风"。

1. 临床症状

雏鹅精神不振，食欲减退，饮欲略有增加；有的腿瘫，跛行、运动迟缓甚至瘫软在地，鸣叫，有痛苦感，关节肿大，跛行、卧地不起、不愿走动，触摸有疼痛感，趾关节处有白斑，部分病鹅会出现单脚站立或呈现蹲姿。个别雏鹅呼吸加快，气喘，伴有神经症状；消瘦、排稀水样白色粪便，其中含有大量尿酸盐，有的雏鹅泄殖腔松弛，不由自主地流出粪便，污染泄殖腔周边及羽毛。患鹅有啄毛现象，背部被啄处皮肤发红，有的背部出现大面积无毛区。病程大概持续3～7d。

趾关节外观有白斑

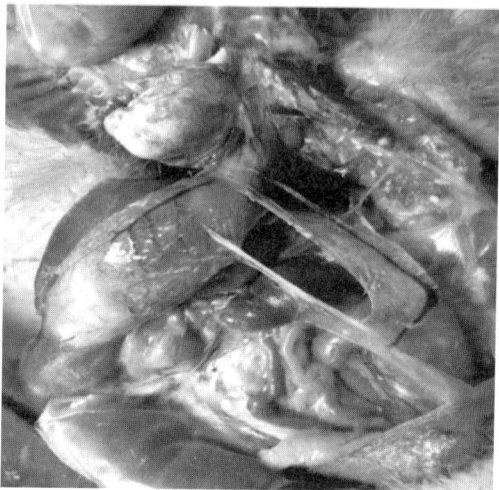

心脏被"白膜"包裹

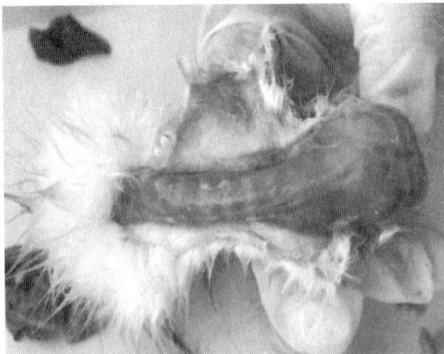

肌肉散在白色尿酸盐　　　　　　　　肾脏肿大

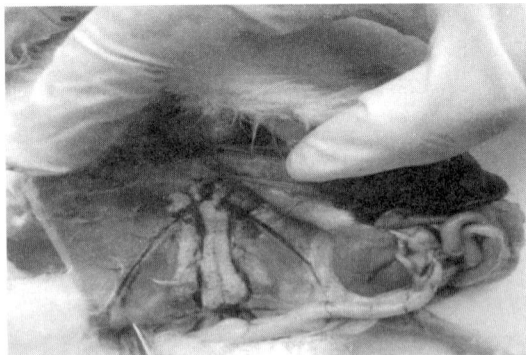

2. 防控措施

由于该病暂无疫苗和特效药物进行治疗，患病鹅早期注射鹅星状病毒卵黄抗体有一定的预防和治疗作用。对病鹅主要采取"渗水利湿、保肾消炎、预防保健"与对症治疗相结合的原则进行治疗。

发病后要对饲养场区进行彻底消毒，隔离患病雏鹅，饲料中添加适量青饲料，若无青饲料，可在日粮中添加维生素A及维生素D；添加抗生素防止继发感染，停止饲喂抗生素后，可使用保肝护肾、通湿降淋的中药，保证雏鹅饮水充足，水中加入电解多维。

使用肾肿解毒药或筛选由瞿麦、关木通、车前子、滑石、甘草等中药组成具有渗水利湿、保肾消炎的中药组方，按每只每日1.5g量使用，每晚使用一次，连用3～5d。

五、坦布苏病

坦布苏病毒感染是由坦布苏病毒引起鸭、鹅、鸡、鸽子等多种禽类感染的一种急性传染病，主要以水禽感染为主。鹅感染表现体温升高、减食、瘫痪、死淘率增加，产蛋率下降，甚至绝产，卵泡充血出血严重为主要特征。

1. 临床症状

雏鹅表现为食欲不振，严重的腹泻、排出黄绿色稀粪，后期主要表现为神经症状，如跛行，瘫痪，站立不稳，头部震颤，走路呈八字脚、容易翻滚、腹部朝上、两腿呈游泳状挣扎等，死亡率达10%～50%。育成鹅症状轻微，出现一过性的精神沉郁、采食量下降，很快耐过。产蛋鹅潜伏期一般为3～5d，呈现典型的高发病率与低死亡率的特点。粪便稀薄变绿，采食量下降，体温升高，部分病鹅出现瘫痪，行走不稳，共济失调，产蛋随之大幅下降。病鹅产软壳蛋、沙壳蛋、畸形蛋等，发病率高达100%，死淘率5%～15%，继发感染时死淘率可达30%。

雏鹅瘫痪
（摘自《鹅病图鉴》）

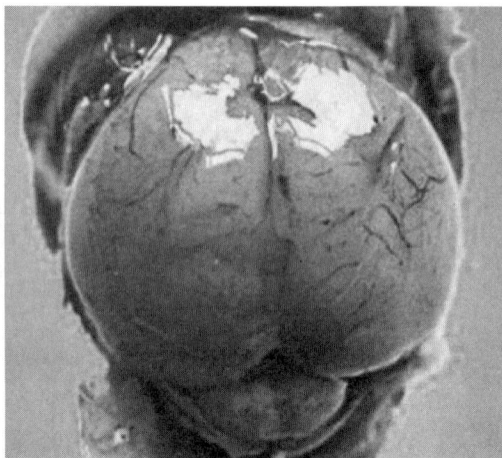

脑水肿
（摘自《鹅病图鉴》）

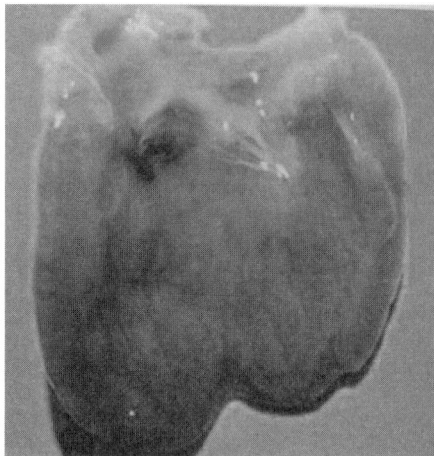

心内膜出血

（摘自《鹅病图鉴》）

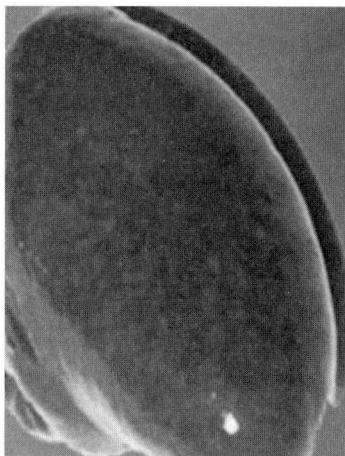

脾脏肿大

（摘自《鹅病图鉴》）

2. 防控措施

目前生产上常用的商品化疫苗有坦布苏病毒弱毒苗和坦布苏病毒灭活苗，种鹅可采用弱毒疫苗免疫，有的鹅场对后备种鹅免疫2次，开产前3～4周免疫一次，过3～4个月再加强免疫一次，可采用皮下注射疫苗。

要加强饲养管理，减少应激因素对用具、设备和运输车辆定期消毒，采用焚烧或深埋方式处理病死鹅。及时灭蚊、灭蝇、灭虫，防止野鸟与鹅接触。疫病流行期间要封舍、封场。禁止鸭、鸡、鹅混养，以防造成交叉感染。

鹅群发病后可采用对症治疗。在饲料或饮水中添加电解多维、葡萄糖、抗病毒中药（板蓝根、金银花）等，可以减轻病情。为防止继发感染，可添加适量抗生素如恩诺沙星、头孢类药物等。

六、鹅腺病毒病

鹅腺病毒感染是由A型腺病毒引起的，主要侵害 3～30 日龄雏鹅的一种急性病毒性传染病，又称为雏鹅腺病毒性肠类或雏鹅新型病毒性肠炎，该病发病急、死亡率高，主要以小肠的出血性、纤维素性、坏死性肠炎为特征。

1. 临床症状

最急性型：3～7日龄雏鹅，昏睡而死。病程几个小时至1d。急性型：8～15日龄，两脚无力，腹泻，排淡黄绿色、灰白色的稀粪，呼吸困难，鼻孔流浆液分泌物，抽搐而死，病程3～5d。慢性型：15日龄以后雏鹅发病，消瘦，间歇性腹泻，部分存活，生长发育迟缓。

鹅心包腔积液

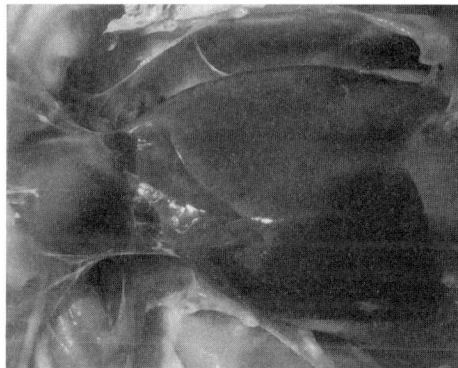

鹅肝脏肿大

（摘自《鹅病图鉴》）

2. 防控措施

疫苗免疫，雏鹅7日龄左右，皮下注射灭活疫苗每只0.5mL；种鹅、蛋鹅在40～50日龄、80～100日龄注射灭活疫苗每只1mL，开产后所孵化雏鹅可获得母源抗体保护。

高免卵黄抗体和高免血清可用于该病的预防与治疗。1日龄雏鹅，每只皮下注射鹅腺病毒高免卵黄抗体或血清0.5mL，能有效预防该病发生；对发病的雏鹅，每只皮下注射高免卵黄抗体或血清1～1.5mL，治愈率达60％～100％。在使用卵黄抗体或血清治疗时，可以配合添加适量的抗生素，防止继发细菌感染，同时辅以电解质、维生素C等，可获得良好的效果。

七、鹅呼肠孤病毒病

鹅呼肠孤病毒感染又称鹅出血性坏死性肝炎，该病主要危害1～10周龄鹅，以软脚、肝脾等脏器出现灰白色坏死点，肾脏肿大、出血、表面有黄白色条斑为主要特征的一种高发病率、高致死率和急性烈性的传染病。

1. 临床症状

急性型，多发于3周龄以内的雏鹅，病程为2～6d。主要表现为精神委顿，食欲减退或废绝，羽毛蓬乱无光泽，体弱消瘦，行动无力、迟缓或跛行，腹泻。病程稍长的病鹅出现一侧或两侧性跗关节或趾关节肿大。

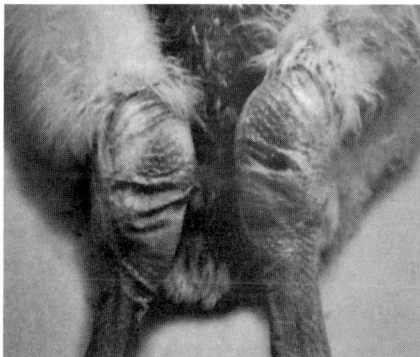
鹅双侧跗关节肿胀
（摘自《鹅病图鉴》）

鹅掌不能着地
（摘自《鹅病图鉴》）

亚急性型和慢性型，多发于3周龄以上的鹅，病程为5～9d。病鹅主要表现为精神委顿，食欲减退，运动困难，不愿站立，跛行，消瘦，腹泻，跗关节、跖关节肿大。有的病鹅趾关节或脚和趾屈肌腱等部位出现肿胀。

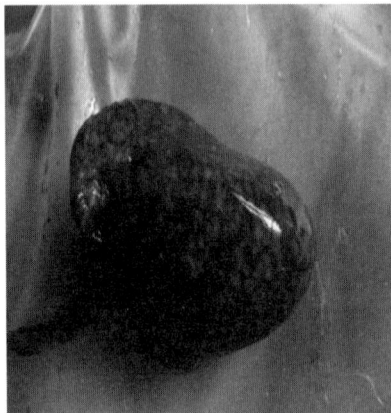

鹅脾肿大，表面有大小不一黄白色坏死点

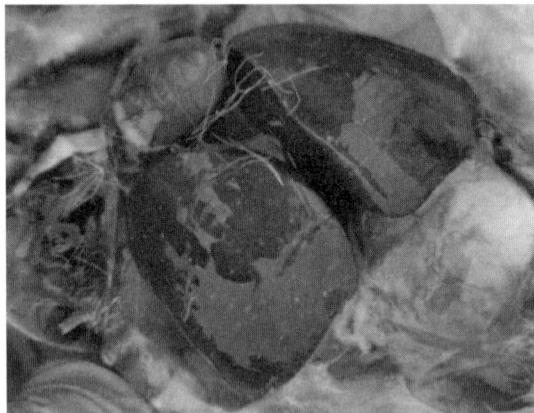

鹅肝脏肿大，表面有大小不一黄白色坏死点

2. 防控措施

免疫接种。种鹅可在开产前15d左右进行油乳剂灭活苗的免疫。种鹅免疫的后代雏鹅，应在15日龄左右使用灭活苗免疫；若种鹅没有免疫，其后代可在7日龄左右免疫灭活苗。

对发病的鹅采用高免血清或卵黄抗体进行治疗。患病鹅每只注射抗体血清2～3mL，有一定治愈率，可配合使用抗生素以防止继发感染细菌。

八、大肠杆菌病

鹅大肠埃希菌病是一种由致病性大肠埃希菌感染所致的一种局部或全身性的细菌性传染病。病变主要以心包炎、肝周炎、气囊炎、腹膜炎、输卵管炎、滑膜炎、脐炎以及大肠杆菌性肉芽肿和败血症为特征。

1. 临床症状

急性型。主要为败血症，发病急，死亡快，食欲废绝，饮水增加，体温升高达42℃左右。

慢性型。病程 3 ～ 5d，有时可达十天以上。病鹅表现为精神沉郁，食欲减退，眼球凹陷。呼吸困难，气喘，站立不稳，常卧不起，头向下弯曲，喙触地，口流黏液，排黄白色稀便，肛门周围沾满粪便。个别快速奔跑，伸颈随即死亡。仔鹅可见明显的下颌部水肿，有波动感，多数当天死亡，有的发病后 1 周死亡。种鹅离群落后、产蛋率下降，产畸形蛋。

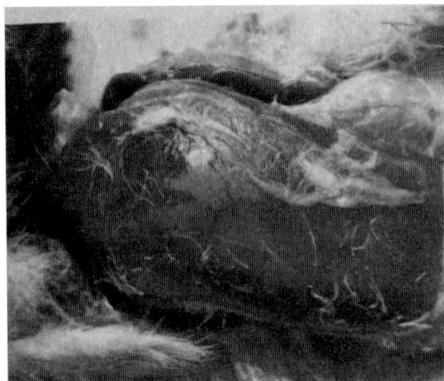

肝脏表面有黄白色纤维素渗出

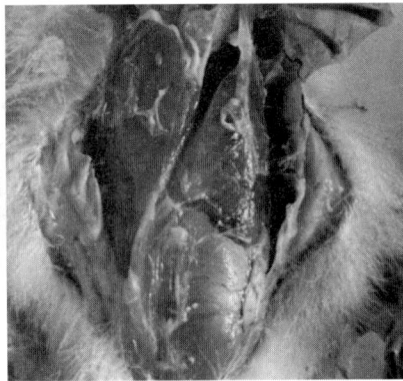

肝脏、气囊表面有黄白色纤维素渗出

脐孔愈合不良

2. 防控措施

采用大肠杆菌多价氢氧化铝苗、蜂胶苗和多价油佐剂苗免疫。使用疫苗前需注意振荡均匀，按照1mL/只皮下接种5周龄鹅进行首次免疫，开产前2～3周再次免疫，必要时可于产蛋后4个月再加强免疫一次，免疫后10～14d产生免疫保护力。

发生该病后，可以用药物进行治疗。大肠杆菌易产生耐药性，投放治疗药物前应进行药物敏感试验，选择高敏药物进行治疗。此外，还应注意交替用药，给药时间要尽早，以控制早期感染和预防大群感染。可使用环丙沙星、沙拉沙星、硫酸新霉素、安普霉素、多西环素、氟苯尼考等拌料或饮水，连用4～5d；头孢类药物也有较好的治疗效果。

九、巴氏杆菌病

鹅巴氏杆菌病是由多杀性巴氏杆菌引起鹅的一种急性、败血性传染病，又称禽霍乱或鹅出血性败血病。该病以突然发病、剧烈腹泻、败血症及高死亡率为临床特征，发病率和死亡率都很高。

1. 临床症状

患鹅一般无明显症状，临床常见突然发病，表现极度不安，行走不稳或卧地不起，严重的表现背脖、口流黏液，很快死亡，病程1～3d。精神沉郁、喜卧、食欲降低或不食、喜饮水、体温很快升高，多数达到41～43℃，呼吸困难，有的从口腔和鼻腔流出绿色、灰白色或者浅绿色恶臭液体，并常摇头，俗称"抬头瘟"。患鹅由于剧烈腹泻引起脱水，排出灰白色或绿色腥臭稀粪，部分混有血液，表现消瘦、贫血、跛行和膝关节肿胀。

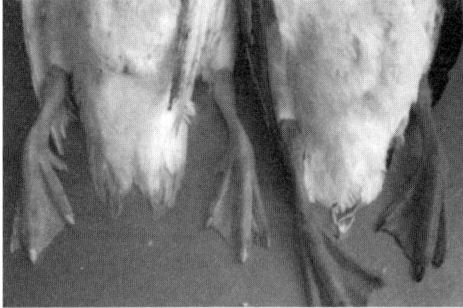

患鹅关节肿胀

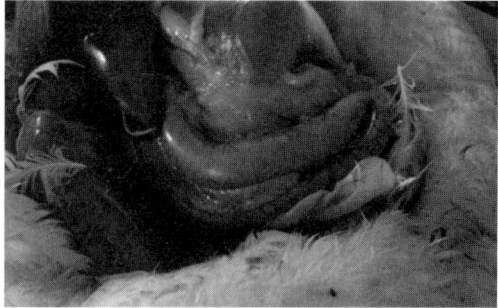

胰腺出血，表面有大小不一坏死点

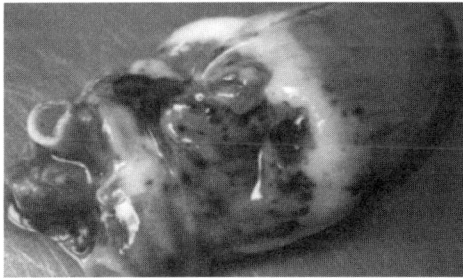

心脏表面有大小不一的出血斑点

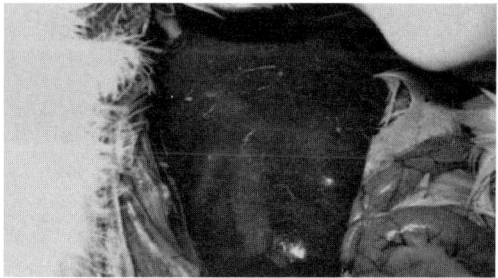

肝脏肿大，表面有大小不一的坏死点

2. 防控措施

免疫接种是预防本病的关键措施，油乳佐剂灭活苗：用于2月龄及以上鹅群，按照1mL/只皮下注射，保护期为6个月；禽霍乱氢氧化铝甲醛灭活苗：2月龄以上的鹅群按照2mL/只肌内注射，隔10d加强免疫一次，免疫期为3个月。

药物预防：当附近养殖场发生禽霍乱时，或在本病的易发年龄有应激因素存在时，可进行全群药物预防。常用的药物有强力霉素、氟苯尼考、氟喹诺酮类药物等。

发生该病后，可以用药物进行治疗。多西环素、氟苯尼考、沙拉沙星等拌料或饮水，连用3～5d。

十、鸭疫里默氏菌病

鸭疫里默氏菌病是由鸭疫里默氏菌引起仔鹅急性、慢性或败血性传染病，又称传染性浆膜炎。该病主要侵害2～7周龄仔鹅,以纤维素性心包炎、肝周炎、气囊炎、关节炎以及干酪样输卵管炎等为特征性病变。

1. 临床症状

最急性型,患病仔鹅发病很急,一般看不到任何明显症状就突然死亡。急性型,患鹅精神沉郁,离群独处,食欲减退至废绝,体温升高闭眼并急促呼吸,眼、鼻孔有浆液性和黏液性分泌物。有神经症状,头颈颤抖或嘴角触地,缩颈,共济失调,少数患鹅出现跛行或卧地不起,排绿色或黄绿色稀便。呈角弓反张状态两脚作划舟样前后摆动,不久便抽搐而亡。亚急性和慢性型,该型多数发生于4周龄以上的鹅,患鹅精神沉郁,食欲不振,伏地不起或不愿走动。常伴有神经症状,摇头摆尾,前仰后合,头颈震颤。跗关节肿胀,不愿意走动,衰竭而亡。慢性型患鹅一般生长缓慢,体态消瘦,多为僵鹅。

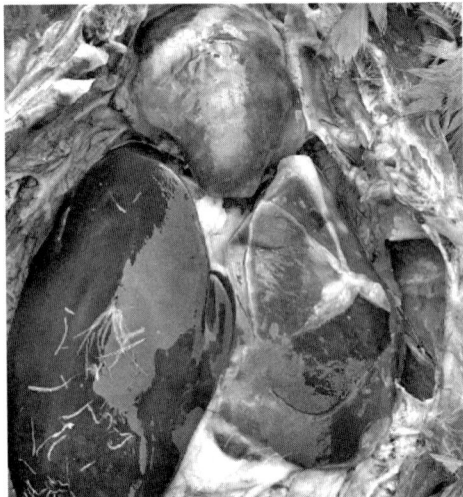

心脏、肝脏表面有黄白色纤维蛋白渗出

患鹅精神沉郁

2. 防控措施

免疫接种是预防本病的关键措施，肉鹅多于4～7日龄颈部皮下注射鸭疫里默氏菌/大肠杆菌油乳剂灭活二联苗；蛋鹅于10日龄左右按照0.2～0.5mL/羽肌内注射或皮下注射灭活疫苗，两周后按照0.5～1.0mL/羽进行二免；种鹅可于产蛋前进行二免，并于二免后 5 ～ 6 个月进行第三次免疫以提高子代鹅的母源抗体水平。

加强饲养管理，实行"全进全出"的饲养管理制度，定期消毒，改善育雏室的卫生条件，合理通风，温湿度适宜，饲养密度适中，勤换料，消除应激因素等，可有效降低该病发生。定期添加强力霉素、氟苯尼考、磺胺类药物及微生态制剂和多种维生素等。

环丙沙星、沙拉沙星、强力霉素、氟苯尼考、新霉素等连用 3 ～ 5d 对该病均有一定的治疗效果。由于鸭疫里默氏菌菌株对药物敏感性不同，因此，在临床用药之前，最好根据药物敏感试验结果确定最佳治疗方案。

十一、小鹅异食癖

小鹅异食癖多数是由于饲养密度过大、鹅舍潮湿，通风不良、光照过强；缺乏营养，包括蛋白质、维生素、微量元素等；肠道有寄生虫，也可引起小鹅异食现象。

1. 临床症状

开始啄羽时病鹅只是吃食脱落下的羽毛，后来发展到啄食正常鹅生长的羽毛，形成啄羽癖，甚至伤及皮肤，发生出血，引起鹅群抢食。

病鹅背部皮肤裸露

2. 防治措施

及时应用止啄止咬灵进行治疗，就可以很快地遏制啄癖的蔓延。被啄鹅啄伤部位要涂上紫药水或者碘甘油，每天2次，切记不要涂红汞，加强护理。为了有效防控啄羽的发生，可以在网床周围拴系绿色尼龙丝绳子，分散雏鹅的注意力。通过合理分群、降低饲养密度、控制好雏舍温度、调节饲料配比可有效减少啄羽现象发生。发生啄羽时，宜采取综合防治措施：立即全群用药、隔离啄羽小鹅、检查饲料配方。若因料中缺少维生素、矿物质或氨基酸时，应根据需要适量补充，调整饲料配比，在饲料中拌入生石膏2%、蛋氨酸0.1%，连用3～5d。

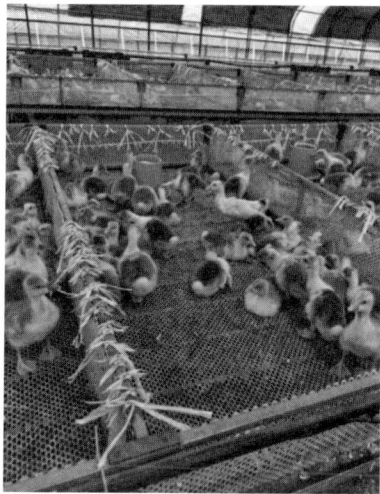

拴系绿色尼龙丝绳

第十章

鹅场卫生与消毒

一、鹅场卫生

加强鹅场工作人员的生物安全管理，进场更换工作服。外来人员和车辆不得随意进入鹅饲养区，鹅场周围设置围栏。鹅场门口设消毒池，定期更换消毒药液，进入场区的人员和车辆，必须经过消毒环节后入内。鹅场内部经常清扫，保持仓库干燥整洁，病死鹅要及时进行无害化处理。运料车不应进入生产区，生产区的料车工具不出场外。

各个鹅舍饲养管理物品必须各自配套，及时进行清洁消毒，公用的物品在进入其他鹅舍前也必须进行消毒处理，避免造成交叉污染。水槽、饮水器等必须每天清洗，尤其是使用饮水系统饮用药物后，要保持表面清洁，定期消毒，防止饮水系统中微生物蓄积，特别是水箱一周要清洗消毒一次，每天都要检查饮水设备有无损坏，及时维修。

鹅场水塘要定期对水质进行检测，饮水每毫升细菌总数小于100个，每升水大肠菌群数少于3个的微生物学指标。鹅场应坚持自繁自养，不从疫区和发病鹅群引进鹅苗。实行同进同出制度，避免不同日龄的鹅混养，以免发生疾病。装运雏鹅、包装箱、用具及车辆，需要反复多次使用的，每次均应经过严格的清洁和消毒。

保持鹅舍清洁卫生，温度、湿度、通风、光照及饲养密度适宜。每天清扫鹅舍，及时清理粪便、更换垫料、清洗料槽和水槽，所用垫料不能发霉变质。空场后进行房舍、设备、用具等的彻底清扫、消毒，空闲10～14d后启用，可以有效消灭场内的病原体，从而提高鹅群成活率。

二、鹅场消毒

消毒是鹅场生物安全体系的重要环节，指根据不同生产环节、对象，用适宜的方法清除或杀灭鹅体表及鹅场环境中的病原微生物，切断传播途径，从而有效控制传染病在鹅场的发生和流行。

根据消毒的目的不同，可分为预防性消毒、随时消毒和终末消毒。预防性消毒是在未发现传染源的情况下，对有可能被病原微生物污染的场所、物品进行消毒，如对育雏舍的消毒、对交通工具的消毒；随时消毒指及时杀灭或消除由传染源排出的病原微生物，如对发生浆膜炎的鹅群进行消毒；终末消毒是解除对发病鹅场的隔离之前为彻底消除传染病源而进行的消毒。养鹅场应当树立预防为主，防重于治，消毒重于投药的观念。

根据消毒的方法不同，可分为机械性清除、物理消毒法、化学消毒法及生物消毒法。

1. 机械消毒

机械消毒就是清洁消毒，包括清扫、冲洗、洗擦、铲除等手段以达到清除病原体的目的，从病鹅体内排出的病原体附着于尘土及各种污物上，通过机械消毒虽然不能杀灭病原体，但可大大减少环境中病原体的量。清扫出来的污物要及时进行掩埋、焚烧或喷洒化学消毒药物从而彻底杀灭病原体。

2. 物理消毒

物理消毒是采用物理方式如机械动力学方法、电离辐射、光辐射、热及微波辐射等方法杀死或减少病原微生物活性的一种消毒方法。如日晒、干燥、灼烧、高温、紫外灯照射等消毒技术。

日光照射微生物时，能使微生物体内的原生质发生光化学作用，使其体内的蛋白质凝固，日晒消毒可起辅助作用。

干燥能使微生物水分蒸发，故有杀死微生物的作用，但效果次于日光，各种病原微生物因干燥而死亡的时间各有不同，芽孢杆菌的存活时间长。

高温是最常用且效果最确实的物理消毒法，它包括巴氏消毒、煮沸消毒、蒸汽消毒、火焰焚烧消毒，在鹅场消毒工作中，应用较多的是煮沸消毒及蒸汽消毒。一般细菌在100℃开水中3～5min即可被杀死，煮沸2h以上，可以杀死一切传染病的病原体。在水中加入0.5%火碱或1%～2%小苏打可以增加消毒效果。蒸汽具有较强的渗透力，高温的蒸汽透入菌体，使菌体蛋白变性凝固，微生物因之死亡。饱和蒸汽在100℃时经过5～15min，就可以杀死一般芽孢型细菌。

3. 化学消毒法

化学消毒法是指用化学药物把病原微生物杀死或使其失去活性，能够用于这种目的的化学药物称为消毒剂。化学消毒法比一般的消毒方法速度快、效率高，能在数分钟内使药力透过病原体并将其抑制或杀死。常用消毒液浸泡、喷雾、熏蒸等方法，是当前养鹅生产中应用最广泛、研究最多的清毒方法。化学消毒剂包括多种酸类、碱类、氧化剂、酚类、碘制剂、醇类、卤素类、挥发性烷化剂等。它们各有特点，在生产中应根据具体情况加以选用，下面介绍几种养鹅生产中常用的消毒剂。

过氧乙酸：又叫过醋酸，是一种强氧化剂，对病毒、细菌霉菌、芽孢等有杀灭作用，在0℃以下低温，同样杀灭病原。0.3%～0.5%溶液用于喷洒鹅舍、地面、食槽、水槽、环境等消毒。可以喷雾和熏蒸。用于带鹅消毒，0.2%～0.3%喷在鹅身上，不会引起腐蚀和中毒。用时观察瓶签，一般为18%～20%溶液，按比例配制成0.2%，现用现配，配制之后应尽快用完，更不能过夜。

氢氧化钠：也称苛性钠或火碱，2%～4%的溶液可杀死病毒和繁殖体，常用于鹅舍及用具的消毒。消毒效果好，但对金属物品具有腐蚀性，消毒完毕必须及时用水冲洗干净。且用加热的氢氧化钠溶液消毒可增强去污能力。

生石灰：配制10%～20%石灰乳，涂刷鹅舍墙壁、栏杆等。也可以将生石灰撒在阴湿地面、粪池周围及污水沟旁等处。消毒粪便可加等量2%石灰乳使接触至少2h。石灰干粉无消毒作用，运动场撒的干石灰会腐蚀鹅的爪子，造成皮肤溃烂，易继发葡萄球菌病。石灰乳应现用现配。

来苏儿水（煤酚皂溶液）：2%溶液用于器械、创面、手臂等消毒。3%～5%溶液用于鹅舍地面、食槽、水槽、用具、场地等的消毒。

碘酊：5%碘酊用于外科手术部位、外伤及注射部位的消毒。用碘酊棉球涂抹局部。该药品对外伤虽有一时的疼痛，而杀菌能力强，用后不易发炎，并对组织毒性小，穿透力强，是每个鹅场必备的皮肤消毒药。

聚维酮碘：本品为碘的有机复合物，可杀灭细菌、芽孢、病毒、真菌和部分原虫，杀菌力比碘强。主要用于环境、鹅舍、饲养用具、种蛋及皮肤消毒等。按1:200稀释用于环境、笼具等的喷雾消毒；按1:(100～200)稀释，可用于局部皮肤消毒；按1:800稀释，带鹅喷雾消毒；按1:4 000倍稀释，可饮水消毒。本品不宜与碱性溶液合用。

酒精：市售75%的酒精，消毒效果好。75%酒精浸泡脱脂棉块，便制成了常用的酒精棉。该药品具有溶解皮脂、清洁皮肤、杀菌快、刺激性小的特点。用于注射针头、体温计、皮肤、手指及手术器械的消毒，是必备的消毒药。

新洁尔灭：该药品是一种表面活性消毒剂，不能与肥皂同时用，因为抵消了消毒作用。常用0.1%溶液，用于手、皮肤、手术器械、冲洗黏膜及工作服等消毒。

龙胆紫（甲紫）：常用1%溶液，对组织毒性小，无刺激性，有收敛拔干作用。常用于鹅的皮肤和黏膜发炎感染、溃疡面及脓肿排出脓汁之后的消毒。

二氯异氰尿酸钠：杀菌力强，对细菌繁殖体、芽孢、病毒、真菌孢子均有较强的杀灭作用。可用于水槽、料槽、笼具、鹅舍的消毒，也可用于带鹅消毒。0.5%～1%的浓度用于杀灭器具上的细菌、病毒，5%～10%的溶液可用作杀灭细菌芽孢，可采用喷酒、浸泡、擦拭等方法消毒。干粉可用作消毒鹅的粪便，用量为粪便的20%；消毒场地，每平方米用10～20mg，作用2～4h；消毒饮水，每毫升水用4mg，作用30min。注意宜现用现配。

甲醛（40%甲醛溶液是福尔马林）：该药品有极强的还原性，可使蛋白质变性，具有较强的杀菌作用。5%福尔马林用于浸泡器械、喷酒鹅舍地面、墙壁和器具等。鹅舍熏蒸清毒，要求室温20℃，相对湿度60%～80%，门窗密闭，不许漏风。每立方米空间用福尔马林20mL、水10mL、高锰酸钾10g。操作时，应该将高锰酸钾先放入容器，加水溶解，再缓慢加入福尔马林溶液，以免反应剧烈，使药液溅出。重污染区可以按比例适当增加甲醛溶液的用量。

戊二醛：本品对细菌繁殖体、芽孢、真菌、病毒均有杀灭作用，其作用比甲醛强。2%水溶液(调pH为7.5 ～ 8.5)，在10min内可杀死腺病毒、呼肠孤病毒及痘病毒，3 ～ 4h内杀死芽孢，且不受有机物的影响，刺激性也较弱，主要用于浸泡消毒橡胶或塑料等不宜加热消毒的器械或制品，浸泡20min即可，达到完全消毒则需要10h。10%的水溶液可用于鹅舍、孵化室等熏蒸消毒，空间熏蒸消毒，每立方米空间蒸发10%溶液1mL，密闭过夜即可。

4. 影响化学消毒剂作用的因素

（1）浓度：任何一种消毒剂的抗菌活性都取决于其与微生物接触的浓度。消毒剂的应用必须用其有效浓度，有些消毒剂如酚类在用其低于有效浓度时不但无效，有时还有利于微生物生长，抗菌活性与消毒剂和微生物接触的浓度直接相关。消毒剂必须在其有效浓度下使用，消毒剂浓度与杀菌作用通常呈指数函数关系，浓度的小幅变化可能导致抗菌效能的显著下降。消毒剂浓度越高，抗菌作用通常越强，但存在剂量–效应曲线的饱和点。因此，为了取得良好灭菌效果，应选择合适的浓度。

（2）作用时间：消毒剂与微生物接触时间越长，灭菌效果越好，接触时间太短往往达不到杀菌效果。被消毒物品上微生物数量越多，完全灭菌所需时间越长。不同消毒剂灭菌所需时间并不相同。因此，为充分发挥灭菌效果应用消毒剂时必须按各种消毒剂的特性，达到规定的作用时间。

（3）温度：温度的改变可以影响消毒剂本身的溶解度，进而影响其稳定性和作用时间。温度与消毒剂的抗菌效果呈正比，也就是温度越高杀菌力越强。低温下化学反应速度较慢，消毒剂对微生物的作用减弱。这是因为消毒作用是通过消毒剂与微生物之间的化学反应来实现的，低温降低了反应速度。一般温度每增加10℃，消毒效果增加1～2倍。消毒剂在低温下活力下降，导致消毒效果较差。当气温低于16℃时，一般消毒剂对大部分病原体失去作用。对于一些特定的消毒剂，如复合酚（菌毒涤）、复方煤焦油酸（消杀威）等，稀释用水的温度不应低于8℃，否则消毒效果会下降。但以氯和碘为主要成分的消毒剂，在高温条件下，有效成分消失。

（4）有机物的存在：基本上所有的消毒剂与任何蛋白质都有同等程度的亲和力。在消毒环境中有机物存在时，后者必然与消毒剂结合成不溶性的化合物，中和或吸附掉一部分消毒剂而减弱作用，而且有机物本身还能对细菌起机械性保护作用，使药物难以与细菌接触，阻碍抗菌作用的发挥。有机物中的蛋白质、碳水化合物和脂肪等成分会与消毒剂发生反应，形成复杂的化合物，导致消毒剂的活性成分被吸附或中和，从而降低其有效浓度。此外，有机物可以在微生物表面形成一层保护膜，阻碍消毒剂与病原体的直接接触和渗透，从而降低消毒效果。这种保护膜的存在可以延迟消毒剂的作用，甚至使微生物逐渐产生对药物的适应性。酚类和表面活性剂在消毒剂中是受有机物影响最小的药物。在选择消毒剂时，应选择受有机物干扰较小的消毒剂。对于有机物较多的情况，可以适当增加消毒剂的浓度和接触时间，确保消毒剂能够充分渗透并杀灭病原体。在使用消毒剂前，应先用清水将地面、器具、墙壁、皮肤或创伤面等清洗干净，以减少有机物的存在。

（5）微生物的特点：不同种的微生物对消毒剂的易感性有很大差异，不同消毒剂对同一类的微生物也表现出很大的选择性。比如芽孢和繁殖型微生物之间；革兰氏阳性菌和阴性菌之间；病毒和细菌之间所呈现的易感性均不相同。因此，在消毒时，应考虑到致病菌的易感性和耐药性。例如，病毒对酚类有抗药性，但对碱却很敏感；结核杆菌对酸的抵力较大。

（6）相互颉颃：颉颃作用是指两种或多种化学物质在混合使用时，由于它们之间的化学反应或相互作用，导致其中一种或多种物质的消毒效果降低或完全失效的现象。酚类消毒剂不宜与碱类消毒剂混合使用，因为它们之间会发生中和反应，产生不溶性物质，从而降低消毒效果。阳离子表面活性剂不宜与阴离子表面活性剂（如肥皂）及碱类物质混合使用，因为彼此间会发生中和反应，减弱或消除消毒作用。次氯酸盐和过氧乙酸会被硫代硫酸钠中和，导致消毒效果降低。因此，在使用化学消毒剂时，应避免将不同种类的消毒剂随意混合使用，以免发生颉颃作用，降低消毒效果。如果需要同时使用多种消毒剂，应先了解它们之间的相互作用和可能产生的颉颃作用，并根据实际情况选择合适的消毒剂和使用方法。对于不确定是否可以混合使用的消毒剂，应先进行小范围试验或咨询专业人士的建议。

常见鹅场分区消毒剂见表10-1。

表10-1　鹅场分区消毒剂

消毒区域		常用消毒剂
道路及车辆	鹅场道路	氢氧化钠、氯化钙
	器械、车辆、运输工具	酚类、戊二醛、季铵盐类、含碘类
生产加工区	门口、更衣室、消毒池	氢氧化钠
	建筑物、围栏、地面、木质结构	氢氧化钠、酚类、戊二醛类、二氧化氯类
	生产加工器具、设备	季铵盐类、含碘类、过硫酸氢钾类
	空气及环境	过硫酸氢钾类、二氧化氯类
	饮水	含碘类、过硫酸氢钾类、二氧化氯类
	人员	含碘类
	帽、衣、鞋等	过硫酸氢钾类
办公生活区	疫区范围内办公室、宿舍、食堂、洗手间等	二氧化氯类、含碘类、过硫酸氢钾类

参考文献

李金祥，陈焕春，沈建忠，2019.鹅病图鉴 [M]. 北京：中国农业科学技术出版社.

陈鹏举，李灵娟，张宜娜，2021.禽病诊治原色图谱 [M]. 郑州：河南科学技术出版社.

刘国君，汤桂英，周景明，2007.鹅标准化生产技术周记[M]. 哈尔滨：黑龙江科学技术出版社.

陈鹏举，贺桂芬，司红彬，2012.鸭鹅病诊治原色图谱[M]. 郑州：河南科学技术出版社.

刘晓亮，刘杰清，许从林，2011.无公害肉鹅高效养殖与疾病防治新技术[M].北京：中国农业科学技术出版社.

陈国宏，王继文，何大乾，2013.中国养鹅学 [M].北京：中国农业科学技术出版社.

谷风柱，2022.水禽疾病临床诊治彩色图谱 [M].郑州：中原农民出版社.

参
考
文
献

南鹅北引　中型商品鹅饲养管理技术规程

（DB 23/T 3240—2022）

前　　言

本文件按照GB/T 1.1—2020《标准化工作导则 第1部分：标准化文件的结构和起草规则》的规定起草。

本文件由黑龙江省农业农村厅提出。

本文件起草单位：黑龙江省农业科学院畜牧兽医分院、杜尔伯特蒙古族自治县畜牧技术服务中心、明水县畜牧水产服务中心、双鸭山市宝山区动物疫病预防控制中心、宝清县畜牧兽医总站、宝清县农业农村局。

本文件主要起草人:郭文凯、陈志峰、王岩、霍明东、李旭业、尤海洋、马志刚、周景明、董佳强、满江冰、魏念冬、金振华、张淑芬、高海娟、林佳珺、林佳琳、许志勇、刘泽东、石荷叶。

南鹅北引　中型商品鹅饲养管理技术规程

1　范围

本文件规定了南方中型商品鹅的引种、饲养方式与密度、环境条件、饲养、管理、卫生防疫和生产档案。

本文件适用于南方引进中型商品鹅的生产。

2　规范性引用文件

下列文件中的内容通过文中的规范性引用而构成本文件必不可少的条款。其中,注日期的引用文件,仅该日期对应的版本适用于本文件:不注日期的引用文件,其最新版本(包括所有的修改单）适用于本文件。

GB 5749 生活饮用水卫生标准

GB 13078 饲料卫生标准

GB/T 36195 畜禽粪便无害化处理技术规范

NY/T 388 畜禽场环境质量标准

NY/T 1952 动物免疫接种技术规范

3 术语和定义

下列术语和定义适用于本文件。

3.1 育雏期

雏鹅在 1 ～ 28 日龄的饲养阶段。

3.2 中鹅期

幼鹅在 29 ～ 56 日龄的饲养阶段。

3.3 育肥期

幼鹅 56 日龄后至出栏的饲养阶段。

3.4　中型商品鹅

出栏平均体重4.0kg～6.0kg的商品鹅。

4　引种

4.1　应选择非疫区有《动物防疫条件合格证》的供种单位。

4.2　宜在3月下旬至6月上旬，引进出壳时间宜在24h以内的健康雏鹅。运载车箱（机舱）内温度以25～30℃为宜。航运时应选择有氧舱。

5　饲养方式与密度

5.1　育雏期宜采用网上平养育雏饲养方式。随着鹅体型的增大，逐渐降低饲养密度。舍内饲养密度见表1。舍外运动场面积为鹅舍的1～1.5倍，戏水池面积为运动场的1/3～1/4。

表1　饲养密度

周龄	1	2	3	4
饲养密度 (只/m²)	20～15	15～10	10～6	6～5

5.2　中鹅期宜采用半舍饲饲养方式。舍内饲养密度4只/m²～3只/m²。舍外运动场面积为鹅舍的2～2.5倍，戏水池面积为运动场的1/2～1/3。

5.3　育肥期宜采用舍饲育肥饲养方式。舍内饲养密度3只/m²左右。

6　环境条件

6.1　温度

舍内温度见表2。

表2　舍内温度

日龄	1～5	6～10	11～15	16～20	> 20
温度（℃）	30～28	28～25	25～22	22～20	20～15

6.2 湿度

舍内相对湿度见表3。

表3 舍内相对湿度

日龄	1～5	6～10	11～15	16～20	>20
相对湿度（%）	70～65	65～60	65～60	65～60	60～55

6.3 光照

舍内光照时间及强度见表4。

表4 舍内光照时间及强度

周龄	1	2	3	>3
光照时间（h）	24	20～18	16～14	自然光照
补光光照强度（1x）	25～30			

6.4 空气

舍内空气环境质量符合NY/T 388中4.1的规定。

7 饲养

7.1 饲料

7.1.1 营养需要可参照附表A1。初春适当提高日粮中代谢能的营养水平。

7.1.2 育雏期宜饲喂全价配合饲料。

7.1.3 出栏前1周全喂精料，宜在日粮中添加30% ～ 40%半粒或煮熟整粒玉米。

7.2 饮水

7.2.1 初饮时宜在水中按使用说明加入开口药。1周龄内宜饮用20 ～ 25℃温水。

7.2.2 宜采用自动饮水器自由饮水。

7.3 饲喂

7.3.1 初饮0.5h ～ 1h后开食。饲喂次数见表5。

表5　饲喂次数

日龄	1～3		4～10		11～20		21～56
饲喂次数 （次/d）	白天	夜间	白天	夜间	白天	夜间	全天
	6～4	2	4～3	2	4～3	1	4～3

7.3.2　育肥期周期15d～30d，宜采用自由采食的饲喂方式。

8　管理

8.1　分群

按照体形大小、公母、体质强弱等具体情况进行分群饲养。育雏期鹅群以每群100～150只为宜，中鹅期以每群250～300只为宜，育肥期以每群400～600只为宜。

8.2　舍外运动

雏鹅10日龄后宜进行舍外运动。随着日龄的增加，宜逐渐延长舍外运动的时间。初春不宜出舍，夏季建设遮阴棚。

9 卫生防疫

9.1 饮用水卫生应符合GB 5749的规定。饲料卫生应符合GB 13078的规定。

9.2 运载车辆、工具及用品等在装载前和卸载后应及时做好清洗和消毒工作。运输抵达后对鹅雏用0.3%过氧乙酸或0.1%新洁尔灭喷洒消毒。

9.3 进鹅或转群前，应将鹅舍彻底清扫干净，用2%火碱或0.3%过氧乙酸等喷洒，再用密闭甲醛（40mL/m^3）加入高锰酸钾（20g/m^3）熏蒸消毒。及时清扫粪便、更换垫料，保持鹅舍干燥清洁。

9.4 鹅舍周围环境每2～3个月用2%火碱喷洒消毒1次。水池经常换水,每月用生石灰(14g/m^3～20g/m^3)或漂白粉(1g/m^3)至少消毒1次。场内污水池、排粪坑、下水道口每1～2

个月用源白粉(1g/m³)至少消毒1次。

9.5 饮水、喂料工具每日清洗后消毒,其他用品定期清洁、消毒。用0.1%新洁尔灭或0.2%～0.5%过氧乙酸喷洒或浸泡消毒。

9.6 免疫接种应符合NY/T 1952的规定,推荐的免疫程序参见附表B1。

9.7 病死鹅、粪污、免疫用品等废弃物处理应符合GB/T 36195的规定,并执行《病死畜禽和病害畜禽产品无害化处理管理办法》的相关要求。

10 生产档案

应建立完整的档案记录,内容主要包括引种时间、引种数量、品种信息、鹅只来源、存栏、体重、转群、耗料量、成活率、消毒、用药等。档案应保存3年以上。

附表A1 推荐的营养需要

营养指标	育雏期	中鹅期	育肥期
代谢能（MJ/kg）	12.20	11.80	11.50
粗蛋白（%）	20.00	15.00	15.50
蛋氨酸（%）	0.40	0.35	0.30
蛋+胱氨酸（%）	0.70	0.50	0.50
赖氨酸（%）	0.85	0.65	0.70
苏氨酸（%）	0.65	0.60	0.55
色氨酸（%）	0.21	0.20	0.20
粗纤维（%）	4.00	6.00	5.80
钙（%）	1.20	1.00	1.00
有效磷（%）	0.42	0.34	0.40
维生素A（IU/kg）	1 500	1 500	1 500
维生素D_3（IU/kg）	300	200	200

附表B1 推荐的免疫程序

免疫时间（日龄）	疫苗种类	接种方法
1	小鹅瘟疫苗	皮下或肌内注射
7	小鹅瘟疫苗	皮下或肌内注射
14	鹅副黏病毒灭活疫苗	肌肉注射
21	禽流感灭活疫苗	肌肉注射

附录　南鹅北引　中型商品鹅饲养管理技术规程

图书在版编目（CIP）数据

寒地肉鹅高效健康养殖技术简明本 / 金振华等著.
北京：中国农业出版社，2025. 1. -- ISBN 978-7-109
-33079-5

Ⅰ. S835

中国国家版本馆CIP数据核字第2025474J2Q号

中国农业出版社出版

地址：北京市朝阳区麦子店街18号楼

邮编：100125

责任编辑：闫保荣

版式设计：小荷博睿　　责任校对：吴丽婷

印刷：中农印务有限公司

版次：2025年1月第1版

印次：2025年1月北京第1次印刷

发行：新华书店北京发行所

开本：787mm×1092mm　1/24

印张：9

字数：88千字

定价：68.00元
